CATOLOGY

喵皇賣萌大小事

貓主子的科學

The Weird and Wonderful
Science of Cats

Stefan Gates

史蒂芬・蓋茲————著

林柏宏————譯

獻給湯姆。我們好想你。

推薦序

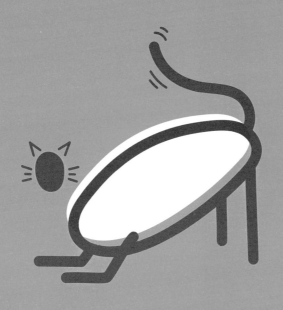

貓奴完全手冊

黃貞祥（國立清華大學生命科學系助理教授）

　　網路上天天都有大量貓咪各種耍寶的影片，不養貓的朋友也常用來紓壓解悶。而我們不必上網就能天天看現場直播，因為家裡養了三隻性格迥異的貓咪。

　　老大小皮是在路邊發現並帶回家的虎斑貓，特別親人且是人來瘋，可以對任何上門的人撒嬌，一點忠誠度都沒有，一天吵著要零食好幾次，每次都是聲嘶力竭地狂叫，凌晨三、四點會來挖我的鼻孔要我起床餵食；老二小白其實比小皮年長，是領養來分散小皮注意力的，牠特別怕生，甭說有親友上門，平時牠都躲在被窩裡耍自閉；老三海狸是剛領養的小橘貓，極為調皮搗蛋，天天都要偷襲小皮和老婆，常常趁我們不注意時去偷玩水，把飲水機和水槽裡的水濺得到處都是，可是只要有人上門，牠就會用光速躲到沙發底下。

　　我本身是貓派，很明顯能夠感受到養貓和養狗的選擇與性格大不相同，例如貓的品種相對不多，養貓的朋友大多不太在乎貓咪的品種，除了少數朋友例外，但差異主要是後者養的是長毛貓。我們常養的短毛貓，品種叫做「米克斯」（Mixed），簡單說，就非純種貓。養貓的朋友，甚至某個程度上，也不太在意貓的毛色，更在意的是貓咪的個性。彷彿像是人類的個人主義者一樣，貓咪不僅較常獨來獨往，每隻貓的個性也都非常鮮明。

　　另外，大量的寵物貓都是透過領養的方式帶回家，也有不少

是看到路邊小貓親人太可愛，就收編成寵物了。因為狗是高度被馴化的，很難在沒有人類的幫助下獨自在野外生存，可是貓咪基本上只能算是半馴化，牠們還保留許多野性，讓牠們野化後仍能如魚得水，在沒有人類的幫助下，順利在城鄉獵食和繁殖，因此路邊的小貓總是在他們父母思春和叫春後，如雨後春筍般冒出，造成大量小貓有待送養。

貓不像狗那樣能輕易被馴服，能夠被馴服的只有人類。當牠們在搗亂時，或者凌晨莫名其妙把我們叫醒，就苦惱為何要飼養這些沒用的小畜牲在家裡讓人不得安寧，餵完零食還得去為主子鏟屎，而牠們從未露出感激之情，只會不挑時間地撒嬌。當我在寫這篇文章時，小皮就在書桌上悠閒地理完毛後，起立用手撫弄我的臉要摸摸頭，一旦動作停頓或不及格，牠就會生氣氣地抱怨，摸好摸滿後再開啟到飼料盆狂吵著要零食的模式。這基本是小皮的日常，只是主角有時換小白或海狸來當。

飼養寵物，就是一種承諾 —— 我們願意照顧牠們，一輩子不離不棄。貓咪和狗狗比起來，似乎有更多難解之謎，我們該如何懂得牠們的各種知識，好好和牠們平安相處的同時又能守護牠們的身心健康呢？這本《貓主子的科學》就是一本很輕鬆愉快的好入門。

《貓主子的科學》作者史蒂芬・蓋茲（Stefan Gates）收集了各種關於貓最新的科學知識：大部分我們該知道的，和不想知道的（有點噁的），都收錄在這本詼諧幽默的好書中。從牠們的身世到解剖、生理、行為、交流、飲食，再到各種奇聞軼事都有，不養貓的朋友讀起來也能樂趣無窮，讀完我都想當貓被領養了（誤）。

貓咪可以算是半馴化或自我馴化的動物，當初很有可能的情況是，貓在人類農耕興起後，因為糧倉吸引了大量鼠輩。比起田野，人類的城鎮和糧倉對野貓來說簡直就像吃到飽餐廳，貓咪慕

鼠而來，其中一些天生沒那麼怕人的貓咪乾脆在城鎮巷弄中苟且偷生，而人類因為牠們多少緩解了鼠患問題，姑息牠們半夜叫春擾人清夢的惡行。

除了少數純種貓，大多數家貓在和人類相處的過程中，人類可能沒有特意挑選有哪些性狀的貓才能傳宗接代。我甚至懷疑，那些來自世界各地的純種貓，可能是「奠基者效應」（founder effect）的成分比起特意為之的「人擇」（artificial selection）還多，也就是家貓在跟著人類趴趴走到全球的過程中，一些地方初來乍到的貓咪剛好帶有某個突變，機緣巧合下成了當地貓種的特色。

相對狗狗，針對貓咪的科學研究較少，可能是貓奴都比較宅吧？也或許是要貓咪勉為其難地配合那些我們自以為有趣的行為實驗，科學家還是柿子挑軟的吃，先聯絡狗飼主吧。不過近年還是有一些研究貓咪毛皮斑紋的科學論文發表，讓我們理解動物變化多端的體色和斑紋形成之謎；另外，有些貌似無厘頭的研究也讓貓榮獲幾次搞笑諾貝爾獎（Ig Nobel Prize）的殊榮，例如二〇〇〇年電腦科學獎頒給寫出偵測貓是否走過鍵盤程式的阿宅工程師、二〇〇二年衛生獎頒給發明洗貓犬機的阿宅、二〇一四年公共衛生獎頒給探討養貓是否有精神上危險的研究、二〇一七年物理學獎頒給探討貓是固體還是液體的研究，最近的二〇二一年生物學獎得主研究的是貓咪如何用各種喵喵叫、顫音、咕嚕、嘶嘶、呻吟、尖叫、嚎叫、咆哮、嘰嘰喳喳、喋喋不休、喃喃自語來和人類溝通。

因為愛貓人士眾多，美國就有遺傳學家發起「達爾文方舟」（https://darwinsark.org）的公民科學計畫，讓貓飼主可以共襄盛舉，貢獻他們關於自家犬貓的資料，讓科學家能夠發掘更多和犬貓甚至人類有關的重要知識！相信我們家的狗狗和貓咪，不僅能夠陪伴我們身邊，也讓我們更加了解身而為人的科學道理！

Catology
目錄

第一章
引言

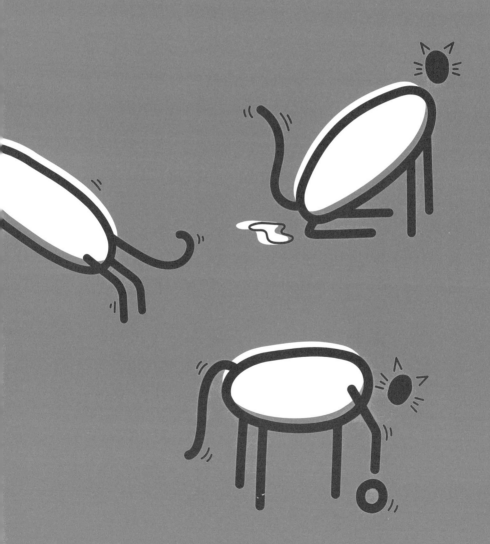

與科學不相干的引言

本書要謳歌頌揚這些為數三億七千三百萬＊、行跡遍及世界各地的毛茸茸小傢伙，牠們會對沙發痛下殺手，表演吐毛球，又老是想撲嚇小鳥；牠們美麗、善變、唯我獨尊、陰陽怪氣，不知使出了什麼詭計潛入我們的生活，而我們不知道哪根筋不對，就是愛牠們愛到無法自拔。

雖然這本書真心不騙就是談科學，本意便是要將名為你家貓咪的這種家畜動物研究個案徹底摸透，但在現實世界裡，情感與事實會相互作用，有時候我們得暫時跳脫硬梆梆的知識，連結真實人生，所以現在且讓我稍微聊點別的。十七年來，我養過兩隻貓。重量級吃貨湯姆・蓋茲（Tom Gates），是隻愛好和平的大個兒，牠打呼嚕的聲音，堪比一九七二年出廠的 MGB 敞篷跑車（1972 MGB Roadster），我對牠疼愛有加。儘管如此，牠還是曾有好幾個月跑去和愛拿東西餵牠的鄰居廝混，但柔情似水的湯姆充滿愛心又纖細敏感，牠過世時我淚流成河。

我家現在養的貓賴皮（Cheeky）（一看就知道不是我取的名字）則完全相反，是隻愛翻臉的小惡霸，牠在我頭上酣睡，討

＊ 全球貓隻數量的統計數據差異頗大，從二億到六億不等。根據 Statista 統計資料庫的數據，受豢養的寵物貓約有三億七千三百萬隻，為數可觀的流浪貓還沒被算進去——數量很可能是前者兩倍。據估計，英國有七百五十萬隻寵物貓，美國有九千四百二十萬隻，澳洲則有三百萬隻。

拍的時候就張開爪子撩我，每天早上舔我的眼皮來叫醒我，說到毀掉所有家具，牠樂意至極。牠最喜歡坐在我的鍵盤上（牠的小肛肛正對著我的鼻子），寫這本書的時候，有好幾天寫的內容都因為牠化為烏有，牠會刪除文件、改掉我的文章，還隨便亂發電子郵件（儘管牠的拼寫程度勉強只能算初級）。牠喜歡盒子，討厭吸塵器，我試著在牠的脖子上擠些治跳蚤的藥膏時，牠會像蛇一樣嘶嘶作響，但天黑後牠就變得小鳥依人，偶爾還揍揍家中狗狗。幾乎身旁的每個傢伙牠都看不順眼，但是對我們家的邋遢狗狗布魯（Blue）尤其討厭，反過來身為狗狗的布魯當然還是對牠報以無怨無悔的愛。但是，真要命，這喜怒無常的小生物仍在我心中激起那超乎理性、難以釐清、不可言喻的澎湃荷爾蒙，那是我們稱之為愛的東西。

　　我羨慕貓。羨慕牠們順從本能、反應單純的生活方式，還有牠們一天大部分時間都這邊坐坐、那裡躺躺，啥也不幹就心滿意足的模樣。羨慕牠們有辦法從耍廢玩樂模式瞬間切換到狂燃腎上腺素（epinephrine/adrenaline）的狩獵打鬥或愛愛床戰狀態。據我們所知，貓沒有抽象思想，不會懷有希望或野心，從不內疚自責、優柔寡斷與自我懷疑，不受道德倫理及嫉妒情緒的困惱。然而，牠們光是待在家裡，就帶給了我們生活目標，使我們想要扮演父母，傾注我們的愛和關懷，為牠們花錢散財，讓人將那些情緒、政治、經濟和愛情方面的麻煩事都暫時擱一邊。這就是養一隻貓的神奇之處：我們對牠們了解得愈多，也就愈了解自己。

　　貓來到我們家尋求溫暖、庇護、食物，要我們幫牠們的耳朵後面搔癢癢，這在生物演化史上是相當晚近的事。牠們本質上仍舊是野蠻的肉食性掠食動物，為了能與我們同居，牠們極其罕見地產生跨越物種的信任感。我們的生活能夠有牠們相伴是天大的福氣，儘管牠們性情善變，高傲冷漠，愛嘶嘶叫又亂嘔吐，嗜血

哺乳動物的惡行不改，且堪稱家具終結者，但我猜我們從牠們那裡得到的仍遠比牠們在我們身上獲得的要來得多。

　　非常感謝您閱讀這本書。有個怪怪但蠻可愛的小團體叫做科學傳播者（science communicators），我是其中一員，我們不僅非常樂於與你分享驚人的知識，讓學習變得更刺激好玩，也帶給我們極大的樂趣。在科學博覽會、搞笑社團、校園裡、電視上、酒吧和派對廚房中都會發現我們的蹤影。要說我們希望所有的這些知識能讓你學到什麼，其實就是科學可以很迷人、很勁爆，能啟發心智，而且經常都超級有趣。如果你來到英國，在街上碰見我們的成員，快過來打個招呼聊幾句。不過請做好心理準備：都是知識囤積狂，我們想和你大聊特聊的東西可多得很。

說明

　　包括獅子、花豹、美洲獅、美洲豹貓（ocelot）和毛色漂亮的兔猻（Pallas's cat）在內，世上的貓科動物有幾十種，但大家應該都知道這本書真正談的是哪種貓吧？就是**你家的**貓。除非另有說明，否則為避免行文冗贅，只要書中提到貓這字眼，指的就是家貓（*Felis catus*）。

聲明

　　切勿將本書中任何內容當成獸醫、動物行為研究或訓練者的專業意見。如果您對自己養的貓有任何憂心之處，請向合格的獸醫或動物行為專家尋求諮詢。

希望各位……

　　善待動物，要記得牠們體驗與感覺這世界的方式都和我們大不相同。

第二章
貓是啥？

2.01 貓咪簡史

二十萬到十六萬年前

假貓屬（*Pseudaelurus*），一隻史前貓，被認為是第一隻真正的貓，生活在歐亞大陸，而後遷移到北美

七萬到六萬年前

貓亞科（*Felinae*）中的**豹貓屬**（*Prionailurus*）、**兔猻屬**（*Otocolobus*）和**貓屬**（*Felis*，今日家貓歸屬於此類）從貓科始祖分化出來

八萬年前

北美洲演化出現家貓的遠親

三十五萬到二十八萬年前

貓科（*Felidae*）家族於始新世（Eocene）末期／漸新世（Oligocene）初期開始出現

二萬五千年前

在滅絕之前，獠牙嚇人的**斯劍虎**（*Smilodon*，劍齒虎的一種）曾生活在北美洲和南美洲

六萬年前

家貓的遠親再度遷徙回到亞洲

西元前二千八百九十年

古埃及人崇拜獅頭（後來是貓頭）女神芭絲特（Bastet）

西元前九千五百年

農業社會在中東地區的肥沃月灣蓬勃發展。有了農業便能儲存糧食，儲糧會引來嚙齒動物，人們需要會獵捕嚙齒動物的貓

西元前四百五十年

在埃及，殺貓會被判處死刑

西元前四百年到西元元年

雖然貓仍然享有特殊地位，但此時在埃及已有產業大量飼養、宰殺貓隻後製成木乃伊，供寺廟參拜者購買做為獻祭

西元前五千五百年

石虎（leopard cat，不是豹，而是不同於我們常見家畜的小型野貓）在中國被個別馴化

西元前七千五百年

塞浦路斯一處此時期的古墓內有馴服的貓骨遺骸

西元前二千年

埃及人養貓當寵物

西元前三百年

英國鐵器時代的丘堡（Iron Age hill fort）內有貓和老鼠的骨頭，表示在羅馬人征服不列顛群島前，貓已被引入該地

西元九六二年

比利時的伊珀爾（Ypres）禁止崇拜貓

西元一二三三年

教皇格雷高里九世（Gregory IX）認為貓與撒旦有關聯，導致數百萬隻動物被殺害

此處長眠著

**CATVS
CATOPOLOVS**

我摯愛的貓咪
生於西元前七二一二年，
卒於西元前七二〇一年
願其棲爪安息

西元一七一五年

進入啟蒙時代，教會不再以獨裁手段強力干涉民意，貓轉型為寵物，變得受歡迎

西元一八二三年

教皇利奧十二世（Leo XII, 1823-29）養了一隻貓，名叫米榭托（Micetto）

西元一六五八年

貓持續被妖魔化──一名牧師愛德華・托普瑟（Edward Topsell）寫道：「女巫所使喚的妖魔通常以貓的樣貌現身。」

西元一八一七年

比利時的伊珀爾最後一次有貓被從鐘樓上活活扔下摔死

西元一六六五年

淋巴腺鼠疫（bubonic plague）肆虐倫敦，人們將之歸咎於貓，但其實是寄生在老鼠身上的帶病跳蚤引起的；二十萬隻貓和四萬隻狗因此喪生（也將老鼠的天敵一併消除了）

貓屍肥料

一八八八年，埃及農民在兩座寺廟附近發現了一個亂葬坑，裡頭埋有超過三十萬具貓木乃伊。不過農民沒有隨意棄置，而是將纏綁包裹它們的東西剝除後，以貨運輸出，供英國和美國的農民做為肥料。

西元一八九五年

紐約麥迪遜廣場花園（Madison Square Garden）舉辦了第一次大型貓展

西元一九〇〇年

數以千計的紐約野貓因「人道理由」被圍捕後毒死；小朋友每抓到一隻貓可領到五分錢

西元一九四七年

貓砂在美國上市販售

西元二〇一四年

貓基因圖譜完成

西元一九七五年

英國海軍艦艇禁止貓上船

西元一八七一年

第一場大型貓展在倫敦水晶宮（Crystal Palace）舉行

西元一九一〇年

養了六十多隻貓的佛羅倫斯・南丁格爾（Florence Nightingale）去世

2.02 我家貓咪基本上算Q版的老虎？

沒錯。不對。有一點吧。

是的，你家貓咪和自然界最可怕的頂級掠食者有些相似，讓人感覺毛毛的。老虎和家貓都是性好獨居的貓科動物，牠們的食性都非吃肉不可（見第 150 頁），狩獵時會埋伏後快速突襲，配備了可伸縮的凶狠利爪和三十顆牙齒。牠們都喜歡攀爬、抓撓、吃吃草，且會摩擦物體以留下氣味。就身體結構和生理反應來看，牠們都一樣有具導航性能的觸鬚、毛皮、犁鼻器（vomeronasal organ, VNO，見第 94 頁）、眼睛裡能反射光線的脈絡膜層（tapetum lucidum，見第 91 頁），嘴巴都會啐吐口沫、發出嘶嘶聲、露齒低吼和咆哮（見第 102 頁），以及打呼嚕（見第 103 頁，不過老虎只能在呼氣時發出呼嚕聲），都習慣將牙齒咬入獵物後頸來殺死牠們，還有一點不可忽略，牠們還是嬰兒時都萌度破表。兩者也都很能睡，一樣喜歡貓薄荷（catnip），喜歡窩在盒子裡玩耍，且身上 95.6% 的 DNA 相同。那麼貓基本上也算是一隻老虎吧？

也不是完全正確。雖然貓和老虎看起來非常相似，但你不得不承認老虎體型就是大一點。**三九・六二五隻中等大小的貓相當於一隻中等大小的老虎，一隻特別大的公虎就要七七・五隻貓了**——這樣看來，家貓對獵物可能造成的威脅當然就比較低。貓也更愛喵喵叫。從演化的角度來看，屬於豹亞科（*Pantherinae*）的大貓們大約在一千零八十萬年前和貓亞科的中型和小型貓分道揚

鑣，因此雖然牠們彼此相關，但不完全稱得上是兄弟姊妹。

　　當然，我們都愛將自家的貓想成像虎豹般，呃，威猛，因此知道貓亞科和豹亞科動物的行為同多於異應該是蠻開心的。二〇一四年有項發表在《比較心理學雜誌》（*Journal of Comparative Psychology*）上的研究甚至提出論點說，**家貓有三個主要性格特徵與非洲獅相同：「控制欲、衝動和神經質」**。完全說中。

百分之一的香蕉

貓與老虎有 95.6% 的 DNA 相同，但這不代表你的貓是 95.6% 的老虎。人類與老鼠有 85% 的 DNA 相同，與果蠅則有 61%，與香蕉有 1%（不是有些報導中說的 50%），但這不是說我們有 85% 是老鼠，61% 是果蠅或 1% 是香蕉。更正確地說，這表示地球上所有的生命都是從一個十六億年前的細胞演化而來，我們都仰賴氧氣存活，因此可說都是遠親。

2.03 你家的貓和野生貓、流浪貓 有何不同？

差不多。你養的貓基本上是隻非洲野貓（*Felis lybica*），牠的祖先與人類一起生活經歷了好幾世代 —— 大約有一萬年之久。一般認為在人類開始發展農業後不久，貓咪就成了我們的夥伴，當時人類開始儲存穀物，會引來囓齒動物。而野貓則被那些牠們愛吃的囓齒動物吸引過來，與附近的人連成一氣，人們可能會餵貓剩菜、剩飯，好讓牠們留在身邊繼續壓制鼠輩。這些貓的後代愈來愈社會化，成長過程都和人類待在一起，如此便有安全的繁衍環境。家畜貓和非洲野貓實在太像了，直到二〇〇三年，前者才被認定是一種獨特的野貓亞種，叫做家貓。

　　野貓看起來非常像淺沙灰色毛皮、帶條紋的大型虎斑貓 —— 因為這就是牠們原本的模樣。牠們生活在非洲、阿拉伯半島和中東地區，最常於山區現蹤，但也有些生活在撒哈拉沙漠等沙漠地區。自從兩者在演化之途上分道揚鑣後，野貓和家貓之間的差異變化相對較少，除了體型約略縮水和多了某些可馴服的特點 —— 有特定的野貓可能是被精心挑選出來的，因為牠們能忍受或喜愛人類及其環境。

　　另一方面，流浪貓就只是逃家或被遺棄在野外生活的家貓。如果你養的貓每晚都不回家，那就和流浪貓沒兩樣。

　　大家省省力氣吧，沒有我們，流浪貓也能活得很好，愛貓人士知道了這點應該不太高興。貓一旦獨立求生了，往往會避免

與人接觸，不會心甘情願地被觸碰，且重新開始獵食野生動物維生，這通常會帶來生態浩劫。澳洲的一項研究指出，**澳洲野貓平均每隻每年殺死五百七十六隻鳥類、哺乳類和爬蟲類動物，而寵物貓則殺死一百一十隻。**有許多人試圖控制野貓數量，成效不一。TNR〔Trap-Neuter-Return（誘捕、絕育、放回原地）〕計畫被認為是最人道的方法，但會耗費大量資源，而且對貓隻總數似乎改變甚微。流浪貓的不尋常之處在於，牠們與獨來獨往的野生貓不同，牠們會大量成群生活，有社交互動，因此能夠分享食物、飲水和住所等生活必需，甚至幫助撫養彼此的小貓。儘管如此，家貓、流浪貓和非洲野貓相似程度仍然很高，彼此可以交配繁殖。

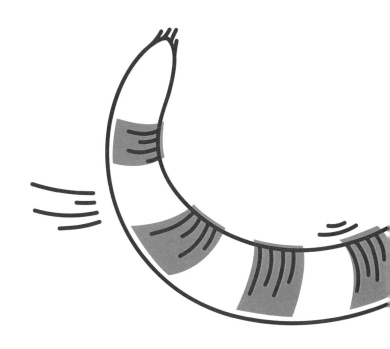

第三章
貓的身體構造

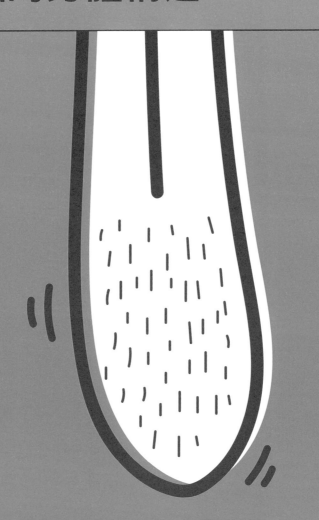

3.01 為什麼貓舌頭長得這麼古怪？

如果你曾經被貓舔過，就會注意到牠們的舌頭感覺異常粗糙 ── 彷彿粗礪的砂紙 ── 而且多舔幾下，你的皮膚就會硬生生被刮傷。這種痛我很懂，因為我的貓經常在早晨六點左右來舔我的眼皮。沒錯，牠會一直舔到我張開眼睛。而且沒錯，就像你想的那樣痛苦。

一項發表在《美國國家科學院院刊》（*Proceedings of the National Academy of Sciences*）的研究指出，**貓的舌頭上滿布著數百個名為腔乳突（cavo papillae）的微小倒鉤**。研究人員利用電腦斷層掃描（CT scan）來分析這些鉤子，還拍下貓梳理自己身體的影片，再以慢動作播放，好看清楚發生什麼事。結果發現，那些鉤子呈勺子狀，而且有凹空處，這樣一來，舌頭上每支鉤子都盛有一定量的唾液，然後唾液在貓梳理自己時會轉移到毛皮上（這大概就是為什麼貓會覺得自己永遠都不必洗澡，也挺有道理的）。

研究人員甚至探查了獅子和老虎的舌頭，也發現相同的乳突結構，得出的結論是所有貓科動物的舌頭運作方式都相同。文章提到，「乳突讓唾液滲進毛皮深處，而乳突的根基部分有彈性，使黏在舌頭上的毛髮容易脫落。」*

---

* 此研究全文可免費線上取得，請好好拜讀（https://www.pnas.org/content/115/49/12377）。

儘管這些舌頭構造複雜多毛（貓通常比狗更好聞的諸多原因之一），因為有了它們，貓比任何其他動物都能更善於清潔自己。乳突所製造的表面張力也有助於貓咪喝水 —— 輕舔將水汲引進嘴裡（狗兒就不一樣了，牠們的舌頭會像鎚子般攪打出一定量的水花）。無論如何，貓咪們都不該大清早就折磨主人，雖然還蠻爽的就是了。

貓舌巨無霸

如果您有空，不妨上 Instagram 查看 ragdoll_thorin。先不說牠那奇異的藍眼睛 —— Thorin 有一條非常、非常、非常長的舌頭。貓的舌頭長度還沒有公認的世界紀錄，但 Thorin 的舌頭真是特大號的。

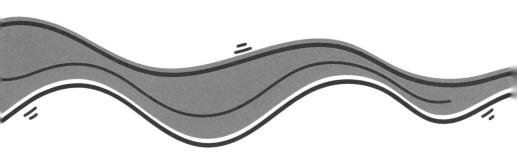

3.02 貓為什麼身段這麼軟？

貓的骨骼數量比人類多了約 20%，裝載在輕巧而堅固的骨架中，像是一具敏捷的狩獵機器。貓有二百四十四塊骨頭，與我們的二百零六塊骨頭相比，那些多出來的主要位於背部和尾部，有助於提高速度、平衡感和敏捷性。然而，貓真正的特點是牠們的靈活性，這是由於牠們的脊椎和前腿骨之間的連接較鬆，前腿是藉著肌肉和韌帶連接到肩膀上，而不是卡進骨臼，所以是自由浮動的。因此貓的身體非常柔軟，有利於跳躍、攀爬、伸展、捕捉移動的獵物和躲避大型動物的追捕。這也意味著貓可以扭動自己的身子擠進狹小的空間。

貓的鎖骨並未連結任何其他骨骼，所以**脖子非常靈活，梳理毛皮時，頭部可以往兩側旋轉一百八十度**。如果貓能夠將自己的頭塞進洞裡，多數會嘗試讓整個身體跟著擠進去（在 YouTube 上搜索相關影片，你會把幾小時的生命都耗在上面）。貓咪們之所以有出色的自我復原能力，這種彎折彈性也是重要原因（見第 38 頁）。

跳遠冠軍

正式登錄在金氏世界紀錄（*Guinness World Records*）上的貓最遠跳躍距離為一八二‧八八公分（六英尺），這隻跳遠貓名叫艾莉（Alley）。

3.03 貓的性愛

是的，各位請坐。我和你們一樣，不想花一個早上談貓科動物的繁殖性事，但就這麼巧，躺平哥弗萊契老師（Stretcher Fletcher）又裝病請假了，所以輪到我來講。別在背後偷笑：在我們講完這一整個淫穢的章節前，任何人都不准離開。

貓在大約六到九個月大時，性器官發育成熟，未絕育的雌性通常在每年春季和深秋之間發情。卵巢在預備受孕過程中產生荷爾蒙，牠們會產生氣味並發出叫聲，以吸引有生育能力的雄性，也就是公貓。**雌性在發情時會不斷尋求（人類和貓的）關注，在腿上、家具上摩擦，向後翻滾，以及踩踏步並延展身體做出名為脊椎前弓（lordosis）的動作**。還會擺出交配姿勢——即使是被人類撫摸時——前爪趴低而後臀翹得高高的。喔不，伊馮同學，妳一定是眼花了，弗萊契老師沒有在聖誕迪斯可舞會上當著校長女士的面那樣做。

貓兒交配通常發生在晚上。母貓會將當地的公貓成群吸引過來，公貓們會噴撒尿液，互相打鬥，並嚎叫發出自己的交配呼聲。母貓們有絕對的主導權，牠們挑選最優秀的求歡者，看不順眼的就怒氣沖沖地趕開。當母貓做好選擇會讓公貓騎在她身上，公貓騎上後，把她的頸背含在嘴裡——部分是為了騎乘穩定，部分是為了保護自己，這樣母貓就不會咬他——然後將陰莖快速短促地（順道提醒，是向後而不是向前）插入母貓的陰道，然後注入一些精子。母貓在這個過程中會感到疼痛，因為**公貓的陰莖上**

有一百二十到一百五十個倒鉤，當公貓抽出陰莖時會劃傷母貓的陰道，導致她會立即攻擊公貓。雖然聽起來很可怕，但這種疼痛會觸發卵巢釋放卵子，母貓很快就會想再次交配，通常會交配好幾次，在與其他公貓交配時也一樣。呃不，伊馮，這聽起來不像是員工休息室裡日常午餐時段的活動。

如果交配失敗而母貓沒有懷孕，她在幾週後會再次發情。如果交配確實有了結果，孕期大約會是六十三天，平均每胎產出三到五隻小貓（有可能更多）。這些小貓可能都來自一個父親，但母貓也可能從好幾隻公貓受精，因而使小貓們具有不同的前代特徵。是的，伊馮，妳沒聽錯，就算弗萊契夫人生的孩子裡有塊薑，但它仍然是弗萊契先生的孩子。

大家看看，這也不是太糟，對吧？大家都沒問題嗎？太棒了。我們繼續──都滾出去吧。不是指妳喔，伊馮。妳愛說笑，全班陪妳哄堂大笑，但妳得自己一個人留校察看。嗯嗯，不要噓我。

3.04 貓分左撇子、右撇子？

貝爾法斯特女王大學（Queen's University Belfast）的研究人員發現，貓在伸爪取食、走下臺階或越過物體時，確實偏好用某一側的腳掌行動（右撇子或左撇子）。總體而言，73%的貓在抓取食物時，偏好用某一隻腳掌或另一隻，雖然每隻貓個別的傾向才是主要決定因素，但雌性顯然較喜歡用右掌，而雄性更愛用左掌。

該研究團隊無法解釋這種雌雄差異，但這項研究的合著者黛博拉・威爾斯博士（Dr. Deborah Wells）發現了一種奇怪的關聯：處理負面情緒的工作多由右腦執行，而「依賴右腦處理資訊的動物界左撇子往往表現出更強烈的恐懼反應，更容易勃然大怒，且較不擅長應對有壓力的處境」。若以此為據就下結論說偏好用左掌的公貓比母貓更神經質且脾氣更差是有點牽強，但其中肯定還能找到許多新發現。

順道一提，行動時偏好某一側在動物界並不少見。**95% 的袋鼠是左撇子，粉紅鳳頭鸚鵡（pink cockatoo）全都是左腳優先，四歲以下的馬傾向於動右鼻孔**，而牛在留意不尋常的東西時會先用左眼，但是看到熟悉事物時用右眼。

3.05 腳掌與爪子的科學

貓是趾行動物（digitigrade），也就是說牠們用腳趾走路。因為有此特性，貓咪能迅速、安靜且精確地移動 —— 畢竟，你的貓在牠一身絨毛（down hair）底下藏著一個獵手。牠還有一種巧妙的行走模式，稱為直達標記（direct register），意思是其後腳掌落下處與前掌剛離開的位置幾乎完全相同。牠藉此消除走路的聲響，能更有效地跟蹤獵物，同時減少自己留下的痕跡，讓其他動物難以跟蹤。在犬科動物中，只有狐狸能辦到。

　　貓的另一個特點是步行姿態，只有兩種動物和貓相同：駱駝和長頸鹿。 這是一種定速步態（pacing gait），先移動某一側雙腿，然後再移動另一側雙腿。但是當貓加速小跑時，牠們與大多數哺乳動物一樣，使用對角步態（diagonal gait）：左右斜對角的後腿和前腿以兩拍的節奏同時移動。當貓加速奔馳時，牠們會表現出各種不對稱的四拍節奏 —— 仔細觀察，你會發現貓四條腿都在不同的時間點著地。

腳掌

　　大多數貓的前腳掌有五根腳趾，後腳掌有四根腳趾 —— 總共十八根。前腳掌有四個帶爪子的指狀軟墊，腳掌上稍高處還有一根不接觸地面、沒啥作用的懸趾（dewclaw）。前腿上更高處還有另一個軟墊，稱為腕墊（carpal pad），類似我們的手腕肉墊。可幫忙增加摩擦力或輔助走下斜坡，但一般認為是一種已無用武

之地的演化餘留物。後腳掌看來較簡單，只有四根腳趾。前後腳掌上還有一個位於中央的大面積掌肉墊（metacarpal pad），但由於它沒有爪子，所以不算是真正的腳趾。

　　腳掌肉墊本身與你頭上的頭髮大有關聯——它們的外表覆蓋著粗糙、堅韌的角質化表皮〔人的頭髮由角質蛋白纖維（keratin protein filaments）組成，而上皮是動物身體組織的四種基本類型之一，其他三者為肌肉組織、神經組織和結締組織〕。貓腳肉墊的粗糙表面有助於增加摩擦力，讓牠們不易滑倒。肉墊下面是厚厚的脂肪和結締組織結合物（脂肪和皮下膠狀組織），可充當彈性減震器，當四肢和韌帶承受重量時可保護它們。

海明威的六趾貓

正常的貓有十八根腳趾，但先天性異常的多趾貓會有多餘的腳趾——而且這種情況並不罕見。作家歐內斯特・海明威（Ernest Hemingway）從某位船長那裡得到一隻白色的六趾貓後，就開始在佛羅里達州的西嶼（Key West）繁殖多趾貓。他在這座島上的老房子（目前是博物館）仍然住著四十到五十隻貓，牠們的每隻前腳都有六趾或更多。儘管肥厚的前腳掌使牠們看起來好像多了好幾根拇指，但這似乎沒有給牠們造成任何不便。

爪子

爪子是巧妙的工具，專為攀爬、戰鬥、狩獵和撕扯你最好的褲子而設計。幾乎所有貓科成員都有爪子──獅子的爪子可以長到可怕的三十八公釐（一・五英寸）長。**貓的爪子向後彎曲（因此非常適合爬樹，雖然要爬下來就麻煩了）**，且像腳掌肉墊一樣，是由角質蛋白製成。與人類的指甲不同，貓爪直接從趾（指）骨中長出來，在爪子的核心處有類似指甲內嫩肉，是由內含血管和神經的組織構成。你可能偶爾會看到貓爪的碎片掉在地上或卡在褲子中，這是因為爪子的外層〔稱為甲套（sheath）〕每隔幾個月就會自然脫落。

你家的貓咪可以隨心所欲地收起爪子，如果牠不介意的話，你可以輕輕按壓牠的掌肉墊，看著爪子露出來。貓咪利用韌帶和肌腱控制爪子，拉緊牠的腳趾屈肌腱（flexor tendon）來伸展它們。放鬆時，爪子幾乎完全被包裹在皮膚和毛皮內，以防它們磨損變鈍。貓爪是彎曲的，藉此獲得最大抓地力，不過如果未保持鋒利，爪子可能會過度彎曲，也就較容易被厚一點的物料纏住。如果爪子太長，小心地修剪它們回復原先長度是可以的──但要聽獸醫的建議，小心不要割傷神經。如果我對我家的貓這麼做的話，牠可是會削掉我的鼻子。

3.06 貓尾巴怎麼來的？

貓咪控制尾巴的靈活程度令人吃驚，那美妙的尾巴由大約二十塊尾椎骨（caudal vertebrae，品種不同略有差異）組成，藉著一組錯綜複雜的肌肉和肌腱相連，使貓可以獨立移動尾巴直到最末端的每個部分。貓尾巴在溝通交流上的用途之廣相當驚人（見第 105 頁），而且在奔跑、追逐、跳躍和著陸等快速移動時，做為平衡裝置也很好用，更是方便牠行走在狹窄的表面上，如欄杆頂部。**貓還能在空中旋轉尾巴，幫助自己從高處墜落時保持直立**（見第 38 頁）。絕對不要拉扯貓的尾巴：它布滿神經，對控制排尿和排便也很重要。

雖然尾巴非常有用，但並非必不可少。因受傷而失去尾巴的貓總是能成功生存並適應生活。奇怪的是，曼島貓（Manx cat）沒有尾巴，但似乎依舊敏捷（但是要繁殖曼島貓很不簡單，因為擁有兩套無尾基因似乎會導致大多數胎兒自然流產）。

世上最長的貓尾巴

金氏世界紀錄記載，銀灰色緬因貓（Maine Coon cat）西格努斯‧獅子阿爾發‧鮑爾斯（Cygnus Regulus Powers）的尾巴長達四四‧六六公分（一七‧五八吋）。

3.07 為什麼貓眼睛看起來頗邪惡？

前一分鐘，你的貓眼中的瞳孔又大又圓，引人憐愛撫摸，然後太陽破雲而出，貓眼迥然變成狹縫般的詭異鱷魚眼。簡單地說就是：宛若吸血鬼。我們人類有圓形的瞳孔，可以擴張和收縮以調節進入眼睛的光量，而貓眼中則有巧妙的垂直狹縫，就像推拉門一樣。在黑暗中，貓的瞳孔會張開，讓盡可能多的光線進入，因而看起來更圓潤，但在明亮的光照下，貓眼瞳孔會關閉縮成細小的縫隙，以避免使目盲。貓與蛇、壁虎和鱷魚都有這種不尋常的構造，因此牠們的眼睛比人眼能夠應付的光照強度範圍更廣：**牠們的瞳孔在收縮和擴張兩種形狀之間的大小差異可達一百三十五到三百倍**，人類的只有十五倍。比我們多出來的範圍讓貓眼更善於進行夜間狩獵，同時又在白天自我保護。挺像吸血鬼的。

　　二〇一五年發表在《科學進展》（*Science Advances*）的一項研究分析了二百一十四種不同生物，發現眼睛構造與三件事有關：覓食的方式、一天之中的活躍時間和體型大小。馬、鹿和山羊等草食性動物的視覺系統與貓相似，但牠們能夠在眼窩內旋轉整個眼球，使瞳孔縫隙對齊地平線，以提防掠食者。我知道這是怎麼回事！這種水平瞳孔系統幫助這些動物遮蔽上方的陽光，如此就可以專注於地面。但通常貓是獵手而不是獵物，牠們伏擊式的狩獵風格通常需要攀爬到高處，表示對貓來說，垂直高低差比水平範圍更重要。

3.08 貓總是能安穩以腳著地，
　　　牠是如何辦到的？

　　八九四年，法國生理學家艾第安－朱爾·瑪黑（Étienne-Jules Marey）使用特製的連續攝影槍〔chronophotographic gun camera，攝影機的祖先，看起來像音樂劇《龍蛇小霸王》裡的機關槍（Bugsy Malone-style machine gun），只是缺了幾個角〕拍攝了第一部貓咪影片。他想了解貓怎麼有辦法總是用腳著地，他拍的影片捕捉到了答案：貓咪們奇妙優美的自我還原機制。你可以在 YouTube 上觀看瑪黑拍的影片：這隻貓被倒掛後從高處掉下來（呃，畢竟是一八九〇年代嘛），你差不多就能看清楚發生了什麼事。

　　貓的平衡感是其視覺、本體感受（proprioception，從肌肉、肌腱和關節中的感測器所獲得的身體位置和運動感覺）及前庭感覺系統（內耳中的平衡和空間感知機制）完美合作的結果。**在開始落下的十分之一秒內，貓的前庭系統分析哪一邊朝向上方，**然後將頭轉向地面，用視覺來判斷自己會往哪裡去和離地面多遠。從這裡開始，一切都與生物力學有關：貓在伸展後腿的同時收起前腿，這樣會更容易旋轉身體前側朝向地面。（貓利用慣性來控制旋轉，就像花式滑冰運動員一樣──將腿和手臂抱緊或展開。）

　　然後，前腿朝向正確的方向後，貓現在轉而重新設定後腿姿勢，伸展前腿並收起後腿，這樣後腿也可以扭轉朝向地面。通常

尾巴會往反方向旋轉來輔助這樣的身體調動。這一切都歸功於貓異常靈活的三十塊脊椎骨，只有透過慢動作播放觀看貓旋轉時，才能真正體會到這一點。從較高處跌落時，貓會將四隻腿都展開以增加風阻，有如降落傘，可將最終速度減至約時速八十五公里（五十三英里）。

　　當貓準備著陸時，會將雙腿伸向地面並拱起背部。接觸地面瞬間，雙腳向下碰，原先的弓背放鬆，吸收部分衝擊力並保護腿部。帥氣，對吧？

　　貓執行這種自我還原動作仍需要時間，因此，與我們的直覺認知相反，摔落的時間愈短，貓就愈有可能受傷。一九八七年的一項研究發現，90% 的貓從多層建築上跌落後都倖存下來，只有 37% 需要緊急醫療救治。從七層到三十二層（三十二！）樓跌落的貓比從兩層到六層樓跌落的貓傷得更輕。令人驚訝的是，有隻從三十二層樓墜落的貓只有一顆牙齒碎裂和肺部輕微穿孔，而且四十八小時內就能走路了。

倖存的貓

貓的求生韌性很強：一九九九年，臺灣發生九二一大地震的八十天後，有隻貓被發現困在倒塌的建築物中。根據金氏世界紀錄所載，這隻貓體重大約只剩原先的一半，但在一家獸醫院治療後完全康復。

3.09 貓身上有多少毛髮？

一隻貓的身上平均每平方公釐大約有二百根毛髮（每平方英寸十二萬九千根），其皮膚表面積約為〇・二五二平方公尺（二・七一平方英尺）──就一隻四公斤（約九磅）的貓來說──大約有五千零四十萬根毛髮。與人類相比，這簡直是天壤之別，我們人類頭上有大約九到十五萬根頭髮，全身體毛大約五百萬根。但與其他動物相比，貓就相形見絀：**蜜蜂儘管體型很小，但有三百萬根毛髮，而海狸有一百億根毛髮。但即使是牠們，和翠灰蝶（hairstreak butterfly）、月神蛾（luna moth）也沒法比，牠們各自都有一千億根微小的毛髮。**

貓的毛皮是一片奇妙複雜的叢林，由不同類型的毛髮組成。依由短到長的順序列出，分別是絨毛、芒毛（awn hair）、護毛（guard hair）和觸鬚。細小的絨毛形成柔軟、短短的隔熱層，其微細的波紋能加強隔熱效果。芒毛比較刺而硬，尖端粗，構成中間層，能保護絨毛並提供額外的阻絕。護毛形成粗糙的外層，以保護底下的毛髮，並保持乾燥。護毛的毛囊還可以偵測氣流，並可配合憤怒和恐懼情緒促使護毛直立起來〔豎毛現象（piloerection）〕。觸鬚極度敏感，主要分布在口鼻、耳朵、下巴、前腿上和眼睛上方，用於判斷風向和在黑暗中近距離碰觸摸索環境。每一百根絨毛大約有三十根芒毛和兩根護毛，不過隨品種差異有些不同。口鼻兩側通常每邊各有十二根觸鬚，身體其他部位的觸鬚數量不同。緬因貓沒有芒毛，而斯芬克斯貓

（Sphynx）有一層薄薄的絨毛，沒有觸鬚。

　　你家貓咪的毛皮可以保護牠免受皮肉傷和風吹雨打的損害，但其主要功能是將體溫保持在三八‧三～三九‧二 °C（一〇〇‧九～一〇二‧六 °F）的合適範圍內——比人類體溫高了攝氏二度。這就是所謂的體溫調節（thermoregulation），毛皮形成絕妙的隔熱層，讓牠保持舒適，儘管也讓牠更難感覺涼爽（見第 55 頁）。

　　貓具有複合毛囊（compound follicle，意味著每個毛囊長會出許多毛髮），它們會分泌油性皮脂，保持毛髮健康有光澤，還會產生充滿香味的水分——作用不是降溫，而是為了與其他貓交流。毛髮成分是極難溶解的堅韌角質蛋白細胞殘餘物，因此非常耐用，但幾乎無法消化。所以呢，毛球來了（見第 54 頁）。

3.10 為什麼貓不像狗那樣吠叫？

在YouTube 上打字輸入「barking cat」這個詞搜尋或掃描右方的 QR Code，你會看到一段廣受歡迎的影片，有隻黑貓危顫顫地蜷縮在敞開的窗戶上，對著外面的東西吠叫。當有人出聲打斷這隻貓時，牠的吠叫聲會變得比較像哀嚎。不管這種特殊的吠叫聲是不是假造的，貓發出類似狗吠聲的報導還蠻常見的 —— 就像那些喵喵叫的奇怪狗狗一樣。牠們都不像是真的（貓的「吠叫」通常聽起來更像是痛苦的咳嗽），但很明顯貓叫可以相當近似狗吠聲。

貓的喵叫與狗的吠叫的基本機制相同：牠們的喉部、氣管和橫膈膜相似。吠叫是以比大多數貓的聲音所需要的更強有力的方式通過聲帶排出空氣而產生的，但有些貓無論如何都會發出吠聲 —— 可能是因為牠們在模仿附近的寵物，可能是因為牠們生病或困惑，或者可能只是為了嚇嚇當地的犬科動物。

那麼，如果貓會吠，為什麼不呢？好吧，因為牠們不想。貓是孤獨的獵手 —— 交配時除外 —— 會主動避免與其他貓碰面或交流，所以不喜歡製造聲響讓自己受到注意（貓在對峙期間發出的尖叫聲是一種言語手段，避免真的動手肉搏，而不像是拳擊手在上場前過磅稱重時的彼此嘲諷嗆聲）。另一方面，狗的祖先是得益於頻繁溝通的群居動物，吠叫就是一種特別顯著響亮的溝通方式。問題是我們不知道吠叫表達了什麼意思或具備什麼意義，狗兒大概自己也不曉得。

3.11 為什麼貓這麼能睡？

貓是大懶蟲，每天睡眠時間長達十六小時。到了十歲大時，牠們清醒的時間只占了其中三年。奇怪的是，貓的大腦在大約 70% 的睡眠時間裡，還繼續接收記錄氣味和聲音，使牠們對危急情況或狩獵機會能及時反應。即便是醒著的時候，家貓也的確是正港的懶骨頭。**平均而言，貓有 3% 的時間是站立著、3% 的時間在步行，只有 0.2% 是高度活躍的。**

貓睡得這麼多，因為沒什麼需要做的事。家貓的主人滿足了牠們所有的基本需求，所以除非想討拍或大便，否則起床有什麼意義？當然，貓咪們也有自己的狩獵本能需要滿足，雖然過去人們認為貓在黎明和黃昏時捕獵，但最近的研究顯示，每隻貓各自的行程安排差異頗大。雖然許多貓在日出和日落時很活躍，但也有很多夜間捕獵者，還有幾乎不打獵的貓。儘管如此，由於所有的貓基本上都是被馴化的非洲野貓，牠們的祖先天性就偏愛於夜間狩獵，所以牠們通常在晚上較活躍，因此白天睡多一點以保存能量供夜晚時利用。

貓，就像人類青少年一樣，只有在絕對必要時才會消耗能量。如果你給貓餵了很多美味食物，牠會根據你的餵食時間調整睡眠模式，但也不太可能需要一直保持清醒。即便如此，無論是否需要額外的食物，本能的狩獵欲望仍會時不時驅使牠外出捕獵（打獵收穫多少則不一定）。

3.12 你家貓咪幾歲啦？

與人類相比，貓在出生後頭兩年發育異常迅速，然後緩慢下來。

貓齡	相當於人類年紀
三個月	四歲
六個月	十歲
十二個月	十五歲
二歲	二十四歲
六歲	四十歲
十一歲	六十歲
十六歲	八十歲
二十一歲	一百歲

　　但是，像人類和貓這樣截然不同的物種，要怎樣對其成長老化過程做類比呢？研究人員將重點放在兩者共有的發育指標，例如斷奶、獨立和性成熟，以及行為變化。

　　小貓原本主要只與同伴玩耍，大約十二週大時，開始會玩玩具和其他物體，最終會演變成貓對彼此的攻擊行為。約六個月大時，牠們的生殖器官成熟，但也可能提早在四個月大時就成熟了。根據性別不同，幼貓在一到兩歲大時離開原生家庭，通常也在此時開始出現撒尿做記號和其他行為。隨著年齡增長，成年貓咪玩耍的舉動會減少，且容易發胖變重（我也一樣），而年長和

衰老的貓的行為、健康和叫聲會出現更多變化，而且容易發生的一系列健康問題都與人類極其相似。

　　在野外，貓預估能活二至十六年。**長時間待在室內的家貓平均壽命為十三到十七歲，而一般認為奔走於戶外的貓會少活二到三年，因為有貓群打架和交通事故的威脅。**

貓的節拍

貓的生命過得很快。與人類心跳的每分鐘六十到一百下相比，牠們的心臟以每分鐘一百四十到二百二十次的速度跳動。相較之下，小鼩鼱（pygmy shrew）的心跳為每分鐘一千五百一十一下。

第四章
貓咪生理學噁心版

4.01 貓大便為什麼這麼難聞？

讓我們捲起袖子動動手，簡單地研究一下自家貓咪的內臟。從表面上看來，貓的消化機制有許多部分與我們相同：口腔、胃、幽門、十二指腸、小腸、膽囊、胰腺、消化酶、肝臟、腎臟、結腸、細菌、直腸。但貓的消化系統要短得多，特別適合代謝肉類，使肉類相對較容易分解且耗時更短（在貓體內，物質從食物化為糞便的過程僅耗時約二十個小時，而人類則需要五十個小時）。有趣的是，貓沒有闌尾，這個器官長期以來被認為是人類體內無用的演化遺物，但最近已證實能保護腸道中的有益細菌。

為什麼富含肉類的飲食會產生難聞的氣味？嗯，腸道中的蛋白質分解後會產生許多有臭味的含硫化學物質。其中包括硫化氫（hydrogen sulphide）和腐臭的含甲基硫醇（害你吃雞蛋放臭屁的罪魁禍首）。食用大量蛋白質補充品的健美運動員放屁奇臭可是出了名的。

但貓屎達到了另一種境界，因為它還有一種神祕成分。一**組日本研究人員分析了貓屎的氣味後得到此發現，貓屎中有一種類似白葡萄酒所含的有機硫化合物**。這種貓特有的化學物質即 MMB（3-mercapto-3-methyl-1-butanol），是由貓（而不是狗）製造出名為貓尿胺酸（felinine）的不尋常胺基酸（amino acid）經分解後產生的。MMB 是一種腐爛氣味強烈的硫醇（thiol，惡臭沖天、臭名遠颺的含硫化合物），通常公貓的糞便中含有的硫醇比母貓多。

貓似乎知道自己的便便有多刺鼻，這就是為什麼牠們經常試著將排出的糞便掩埋起來。這不僅僅是愛整潔或害羞的天性使然──個性溫順的貓可能會這樣做，避免招來當地貓老大的關照。你的貓可能把糞便埋在你的花園裡，以對你這位房子裡的頂級掠食者表示尊重，也可能只是在牠幼小時曾觀察到母親這樣做，而那是母貓為了避免脆弱的幼崽引人注意才這麼做。貓偶爾會在主人的衣服上拉屎，這可能是分離焦慮的症狀。

　　那麼貓尿呢？為什麼這麼難聞？貓的反社會本性和牠們必須相聚交配的演化需求兩者衝突。這就是為什麼氣味對牠們如此重要：這是牠們無需見面就可以約會的一種方式。貓的尿液氣味特徵透露了大量資訊，從中可得知其身體狀況、健壯程度、為交配所做的準備，甚至貓彼此之間有無親屬關係（近親繁殖會導致遺傳問題，使演化發展誤入歧途）。

　　新鮮貓尿稱不上舉世最香，但比年老公貓的尿味好多了，老貓的尿總是會熟成變得刺鼻、腐臭，帶有氨水味。再強調一次，**正是貓尿胺酸造成這種暴走的氣味 ── 公貓產生的貓尿胺酸大約是母貓的五倍，而且一隻老公貓吃的優質高蛋白愈多，尿液中的蛋白質就愈多**。反過來又表示牠是較優秀的獵人，因此對於希望自己後代繼承最佳基因的母貓來說，這是更有吸引力的伴侶。貓尿還含有一種不尋常的胺基酸，稱為異戊烯（isovalthene），當這兩種化學物質因為氧化和微生物分解而降解時，會產生二級氣味化合物，如 MMB，以及二硫化物和三硫化物，為公貓尿味增添特別的果香精華。

貓砂

貓砂於一九四七年首次在美國上市，養貓的人因此增加。它通常由膨潤土（bentonite clay）製成，潮溼時會結塊，有效地將糞便包裹在一層黏土中，便於稍後挖掘出來。然而，其中很多是不可生物降解的，最終進入垃圾掩埋場，飼養寵物因此增加了生態負擔。可生物降解的貓砂由木屑和各種植物來源材料製成。以前人們喜歡用報紙，但最後處理起來會非常噁心。

4.02 為什麼貓咪不放屁（但狗狗會喔）？

說到這個我在行 *。**雖然人類每天可以輕鬆排出一·五公升（二·五品脫）的氣體，但大多數貓從不放屁（儘管糞便非常臭）。**這一切都是因為貓的純蛋白質飲食和搭配其飲食的生理機能。大多數人類的屁氣是細菌分解蔬菜後的副產品，再加上少量吞嚥的空氣和由蛋白質衍生的微量揮發性化學物質，這些刺鼻化學物質便是噗噗腸氣美妙風味的來源。

　　簡單地說，屁由兩部分組成：細菌分解植物纖維產生的大量氣體，以及由蛋白質分解產生、氣味強烈的微量揮發物。貓屁祕密就在於此：貓是只吃肉的動物（見第 150 頁）── 牠們吃下大量會增添屁味的肉，但很少吃會增加屁氣量的蔬菜。貓確實有放屁的生理機制 ── 有供食物發酵的結腸和夠緊密的圓形括約肌，形制完美讓氣流通過它可發出響聲 ── 但貓咪們相對較短的消化道更適合讓蛋白質在小腸裡容易分解，而不是讓植物性物質在結腸中經歷冗長而複雜、能產生氣體的分解過程。積蓄能量讓褲底大鳴大放的工作，牠們就是做不來。

　　不過，貓的結腸仍然引人入勝。貓結腸演化至今有兩個主要功能：從食物中吸收水分和電解質，以及控制糞便的稠度。當然，結腸裡確實有一個微生物群（生活在我們腸道中的微生物生態系），不過儘管這對胃腸健康和水分吸收至關重要（貓大多數

---

* 《一顆屁的科學》（*Fartology: The Extraordinary Science Behind the Humble Fart*），史蒂芬·蓋茲著，二〇一九年，時報出版。

的水分攝取來自食物），但與人類的相比，貓的腸道微生物群並不是特別大，也不是非得靠它才能獲取營養。

相對地，狗是變得傾向雜食的食肉動物，可以吃一點點需要細菌分解的植物性物質，因而自然會產生氣體。雖然我們可能認為狗放的屁比人類多，但更正確地說應該是，狗兒根本不會像我們一樣為了放屁而感到尷尬，所以放不放屁隨牠們高興。相較之下，我們寧可憋著等到廁所裡或在床上睡著了才放（或者只是剛好有被子蓋著，很想來一記燻人悶屁）。

所以貓可能偶爾會放屁，但這很不尋常 —— 許多獸醫說他們從未聽過貓放屁。如果你家的貓放屁了，很可能是因為吞食了空氣，或者是胃腸受感染、有蠕蟲滋生或飲食含有過多植物或牛奶（乳糖在結腸中分解會產生氣體）而導致微生物失衡。如果飲食改成完全吃肉還不能解決問題，那麼最好還是去看獸醫。

4.03 為什麼老是由我來清理貓的嘔吐物？

就算沒生病，貓還是很會吐。可能的原因不少，也許只是吃太多、吃太快，想要清空肚子，這種情況很常見，食物還沒什麼時間和消化液混融就被反芻而出。貓吐過的明顯跡象就是你最好的地毯上常會看到的硬塊狀、條狀汙泥。這還算幸運，要去除不難：拿一塊溼布來（且捏著鼻子暫停呼吸），你就完成了。

更令人作嘔且擔憂的是真正的嘔吐物，食物與酸性胃液混合過，胃液開始使食物中的蛋白質變質，使其更稀、更溼爛、刺激性更強，並且更順利地穿透昂貴的厚絨地毯。通常乾嘔讓貓更難受，這可能是因為過敏，或者有東西刺激胃部，例如草、地毯毛線或尖銳物品。雖然你知道自己的早晨就這樣毀了，需要一鍋溫水來處理，可能的話最好加上橡膠手套，但往好處想，吐出來總比留在貓體內好。我的貓每三、四個禮拜就吐一次，每次都是暴飲暴食惹的禍（少量多餐對牠的腸胃似乎比較好，但牠有時會忘記），如果在夏天，有時是草引起的。

更令人擔憂的嘔吐原因是疾病、細菌感染、病毒和寄生蟲（如蠕蟲），若是這些引起的，貓可能比正常情況更頻繁嘔吐。如果你的貓每週嘔吐不只一次，或者不停乾嘔但沒有吐出任何東西，請務必聯絡獸醫。

我家裡奉行一個公平的規定：誰先發現貓嘔吐了，就負責把它清理乾淨。為什麼老是我在清理呢？難道其他人都不曾在早上一腳踩進溫暖、結塊的嘔吐物中？即使我是最後一個進房間的，

我的家人也沒有人先發現它。怎麼可能？他們都不看地板嗎？

　　用碗將貓嘴裡嘔出的玩意兒直接接住算是一項絕活，碰巧也是我的得意技——我的家人對這項技能似乎不置可否。我向他們解釋其中訣竅時，他們往往迅速閃人。

4.04 毛球！

看著你的貓吐出一顆毛球並不好受，但沒什麼好擔心的。這些黏糊糊、臭烘烘的大禮，通常要經過一連串可怕的咳嗽和乾嘔才從胃裡輸送出來。不過說來奇怪，這都屬於貓正常生理機能。嚴格來說，毛球是一種毛糞石〔trichobezoar，tricho 此字根意指毛髮，而 bezoar（胃石）則是被困在胃腸系統中的一團物質〕。嘔出的毛球往往是緊密包裹成圓柱體的毛皮和胃液混合物，但有時可能還含有食物或其他貓吞嚥過的物質。**貓經常舔毛，再加上舌頭的特性，因此很容易製造毛球**，貓舌頭上滿布著數百個微小的鉤子狀腔乳突（見第 27 頁），可以拉住鬆脫的毛髮，尤其是在貓換毛時。這些乳突的底部靈活有彈性，有助於防止毛髮堵塞，但有許多毛會被吞下，最終進入胃裡。

當毛髮絲束卡在胃壁黏膜上時，就會形成毛球，且無法透過正常的運輸系統運送。一旦有幾縷毛髮卡住，就會有更多黏上來而累積。最終導致身體受刺激並引發嘔吐動作，使腹部肌肉收縮，將團塊射入食道。就是從這裡開始爆發！當它受推擠通過食道時，壓縮過程會塑造出我們常看到的圓柱形，然後，噹啷，你的毛球來啦。這就是你為柔滑的毛皮付出的代價。

解決辦法不是沒有，甚至還有抗毛球食品，但有些獸醫認為它們無效，甚至有害。不會產生毛球的嘔吐、乾嘔和乾咳情況更要特別留意，這可能是堵塞問題的徵兆。

4.05 貓會流汗嗎？

不算是真的流汗。貓沒什麼汗腺——事實上，牠們腳掌上的汗腺比身體其他部位還多。下巴、嘴脣和肛門周圍也有一些，但它們的功能比較像是為了滋潤黏膜——防止乾裂。**貓真的生來就不是塊出汗的料：貓的毛皮會阻止汗水蒸發，那些帶有油的水分全都迅速使汗水混濁、溼糊、發臭，變成一種泡著危險細菌的湯汁。**真不妙。

你家貓咪的毛皮就像熱能調節器，目的是為了讓牠保持溫暖而不是涼爽。貓這種狩獵動物生來就是為了在黎明和黃昏時大展身手，因為牠們的視覺和聽覺在這些時段占了優勢——而且這些時候最涼爽。這就是為什麼牠們白天想做的就只是睡覺。

如果你的貓不能像人類一樣利用水分蒸發使自己降溫，那麼牠如何控制體溫呢？嗯，從睡眠開始做起挺好的——減少活動意味著細胞呼吸和能量消耗都比較少。梳理毛髮也很有用：當貓舔自己的毛皮時，會留下少量水分，當水分蒸發時，就會幫助身體降溫。貓還有許多簡單實用的小動作可嘗試，例如躺在寒冷或陰涼的物體表面上。如果真的很熱，可以像狗一樣藉著喘氣來降溫，但這很少見。在炎熱的夏天請留意你的貓——如果你看到牠的小腳肉墊留下溼溼的腳印，就該找個陰涼的地方讓牠涼快涼快了。但請記住，貓的體溫範圍是三八・三～三九・二°C（一〇〇・九～一〇二・六°F）——比我們的高二度（見第33頁）。你感覺熱，牠可不見得。

4.06 注意，跳蚤出沒！

跳蚤。這些小傢伙給我留下深刻的印象。像大多數生物（政治家除外）一樣，牠們不是天生就這麼討厭——牠們只是另一種努力營生糊口的物種，生活忙碌、撫養孩子、均衡飲食並尋求溫暖（毛茸茸的）的住所遮風避雨。貓蚤（*Ctenocephalides felis*）是地球上最常見的一種跳蚤，在溫暖潮溼的環境中活躍成長，就像在家貓、家犬和你家裡發現的那些。成年跳蚤呈紅褐色，長一到二公釐（〇・〇四～〇・〇八英寸），但相當扁薄，彷彿被夾在關閉的電梯門之間一樣。除非有顯微鏡，否則你只能在貓的毛皮上看到由成蟲、幼蟲、蛹和卵組成的黑色小顆粒。

比起其他動物的身體，跳蚤更喜歡生活在貓和狗身上，雌性成蟲只能靠吸血繁殖，吸了血之後每天產二十到三十顆卵（牠們在死前最多可以產出八千顆卵）。在一到兩週內，**卵會孵化成幼蟲，並以有機物碎屑為食——主要是成年跳蚤排出的糞便碎屑。**幼蟲最終會旋轉紡出一顆繭並變成蛹後維持一週或更長的時間，然後成為成年跳蚤，開始以宿主的血液為食，繼續代代循環。

不過除了寶寶之外，跳蚤還是有不可愛的那一面：除非感染嚴重而導致脫水和貧血，成年貓幾乎不會因為跳蚤出什麼問題。但是跳蚤可能攜帶條蟲（tapeworm）和貓蚤立克次體病（cat flea rickettsiosis）等病原，這些疾病也可能感染人類。跳蚤不咬人——牠們將長喙（proboscis）插入貓的皮膚，並吸出血液——然而牠們確實會讓消化液反向流到皮膚上（不好意思），這會導致

讓人癢到受不了的過敏性皮膚炎。

　　儘管若周圍有毛茸茸的寵物，人類就不會是跳蚤優先選擇的宿主，可跳蚤一旦出現在你的生活中，要擺脫牠們就很難了。如果確實感染了跳蚤，請定期以外用藥物對家中所有動物進行治療。如果跳蚤不是只有一點點，請先用吸塵器將每一處、每一物都清理過，用吸塵器再吸一次，之後將集塵袋立即丟棄。以熱水清洗所有物品，尤其是寵物的被褥寢具，然後祈禱這一切行得通。如果這樣無效，就該打電話給除蟲公司了。

第五章
不科學的貓咪行為

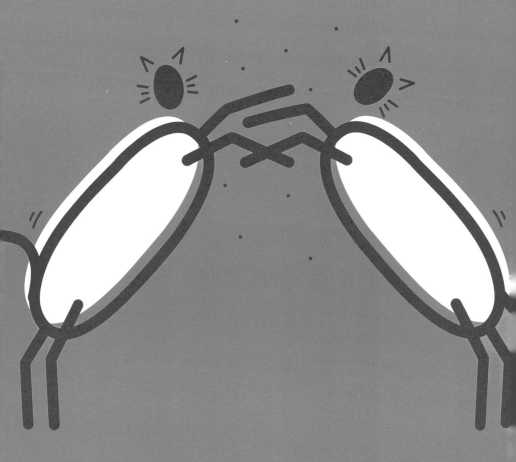

5.01 貓打架是怎麼一回事？

貓生來就厭惡社交，牠超不想和倒數第二戶那隻橘貓醬醬共享花園，這似乎也代表牠們老是想撕爛對方——事實上恰恰相反。與絕育後的母貓相比，結紮後的公貓相對更會避免衝突，而未結紮的公貓最好鬥，尤其是彼此之間打架。但即使是這樣的貓也害怕受傷，會極盡可能地用各種聲音和肢體語言來避免實際開戰——動手攻擊的貓和被動防衛的貓一樣容易受傷。（通常在半夜）你可能會聽到巨大的聲浪漸次拉高，即使發生近身對打，往往也只是緊繃的掌擊——基本上是「雷聲大雨點小」——有時衝突就結束在短暫的追逐中。

升級為全面開戰的狀況極罕見，通常循著相同的過程發展。首先，擺出很多架勢——弓起背，身體略微轉向一邊，毛髮豎立。然後地位強勢的貓慢慢接近正在呻吟的卑屈貓隻，前進時，牠的頭轉向一邊，緩緩逼近並一邊尖叫。有些時候，貓坐在那裡一動也不動，只是呻吟、啐沫、咆哮和嚎叫，緊張氣氛持續好一段時間。通常這時較卑屈的那隻貓會極其緩慢地走開。但如果對峙破局（或者那隻貓自覺地位相同，實力相當），其中一隻貓會嘗試咬住對手的後頸，開啟肉搏打鬥。**採守勢的貓會立即翻身，用兩條後腿反覆踢攻擊者的腹部，同時也會張口開咬。**

這是最有可能受傷的時刻。發動攻擊者最初那一咬幾乎總是沒咬中，還因此露出破綻，容易遭受攻擊而掛彩。兩隻貓可能會翻來覆去，又咬、又踢、又尖叫，但往往雙方很快就會分開，重

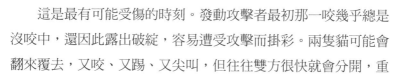

新進入僵局，直到一隻貓再次發起攻擊或先退縮。被擊敗的貓在
爬行離去時會低身蹲伏，耳朵貼平，表示屈服，而勝利者則以直
角轉過身，象徵性地嗅嗅地面，然後慢慢走開。真的，這一切都
像人類之間的戰鬥一樣令人沮喪、俗氣乏味，一點榮耀也沒有。

貓界奇葩錄

臭臉貓咪

這隻看起來超不爽的美國貓〔本名塔塔醬（Tardar Sauce）〕
二〇一二年九月首次在網路上露面，當時塔塔醬的主人有
個兄弟將牠的一張照片張貼在社交新聞網站 Reddit 上。這
張圖被大家瘋傳，隨後牠上了電視節目、出書、成了桌曆
明星，在 Honey Nut Cheerios 麥片廣告、寵物食品品牌
Friskies 贊助的 YouTube 遊戲節目和電玩遊戲中登場，還
有一千多種相關專利商品。塔塔醬甚至還有自己主演的電影
《不爽貓最糟糕的聖誕節》（Grumpy Cat's
Worst Christmas Ever），二〇一四年上映。
二〇一九年五月十四日，塔塔醬死於尿道感
染，享年七歲。

5.02 你的貓咪愛你嗎？

振作起來，該進行心理治療了。有種測試依附心理的標準實驗，稱為「陌生情境」（Strange Situation）：一位母親將一歲大的嬰兒帶到一個滿是玩具的房間，然後離開。一個陌生人走進房間，然後離開。最後媽媽再度回到房間。寶寶的反應可能是：一、安全感型依附（secure attachment）：媽媽離開時，寶寶就哭鬧；媽媽回來時，寶寶又開心起來；二、非安全感型焦慮矛盾式依附（insecure anxious-ambivalent）：媽媽離開時，寶寶哭；媽媽回來時，也很難安撫平復情緒；三、非安全感型逃避式依附（insecure avoidant）：當媽媽離開房間時，寶寶不會顯得煩躁不安，儘管心率和血壓監測都顯示他們感受到很大的壓力。大約 65% 的嬰兒屬於安全感型依附，依附理論認為依附心理種類取決於養育方式，隨著嬰兒成長，這類問題將與性傾向、精神病態程度及人際障礙息息相關。

依附理論已不再是心理學家的關注重點，但我們在這裡還對它一往情深，因為陌生情境實驗最近在貓身上施行後，結果太有趣了。第一次進行實驗時，貓都嚇壞了，讓人不得不放棄測試。因此，研究人員利用小貓與重組研究再次進行實驗，**令人欣慰的是，64.3% 的小貓對主人表現出安全感型依附。所以貓咪愛我們！**不過只有小貓這樣子嗎？貓出了名的冷漠是後來漸漸發展出來的嗎？為了找出答案，研究人員在一年後對同一組貓再次進行實驗，得到的數據甚至更高，65.8% 的貓表現出安全感型依附。真是愛？也許吧。順便一提，只有58%的狗表現出安全感型依附。

貓在迎接時會摩擦我們的腿，這是另一項貓咪有愛的證據。在一些少見的例子中，貓舉家生活在一起時，牠們傾向於磨蹭社群啄序（social pecking order）＊比自己高的對象，而不是找等級低的，因此小貓會蹭自己的母親，較小的貓會找較大的貓摩擦，母貓會摩擦公貓，反過來的情況很罕見。因此，貓咪可能將我們視為家人，甚至可能將我們當成牠們的上司。

　　俄勒岡州立大學（Oregon State University）的研究人員發現，接受測試的貓之中有三分之二都是「懷著安全感依附」主人，雖然依附行為「有變動彈性，但大多數貓都將人類當作慰藉來源」。不過，這項結論是有爭議的：二〇一五年，**林肯大學（the University of Lincoln）的研究人員發現，貓沒有表現出對主人的依附心裡**。研究成果有時候就是會令人沮喪。

　　這完全取決於你如何定義愛。貓哭叫著要餵食、要進屋、要出去、要被撫摸，如果將依賴、控制和操縱視為愛的一種形式，那麼你的貓可能很愛你。我交過這樣的女朋友，沒過多久我就意識到，不管擁抱、接吻的感覺多美妙，當自己受操縱而感到不安，那種厄運臨頭的感覺已清楚顯示我們所擁有的不是愛。俄勒岡州的另一項研究發現，大多數貓喜歡食物，但更喜歡與人類互動，儘管這兩者幾乎等同彼此。這仍不算是愛，是嗎？

　　貓會舔我們，用直立的尾巴來吸引我們的注意力（見第105頁），坐在我們的腿上發出咕嚕聲來表示很滿意我們的陪

＊　譯註：又稱啄食順序或啄食次序，意指群居動物經過爭鬥後，取得社群地位與支配等級的階層區分現象。由挪威動物學家埃貝（Thorleif Schjelderup-Ebbe）發現並命名，他在研究雞隻行為時，以啄食及互啄順序來評測領導順序，在雞群中，社會等級較高者擁有進食優先權，若地位較低者違反此原則，將會被啄咬警告。

伴，而且在我們讓牠們出去後，往往會自己回到房子裡。或許你要說這對貓來說只是生活便利──牠們用這些小動作確保自己得到定期供應的食物和溫暖。但在《貓想啥》（*Cat Sense*）一書中，約翰‧布拉德肖〔John Bradshaw，著名的貓行為專家和布里斯托大學（University of Bristol）人類動物學研究所（the Anthrozoology Institute）所長〕寫道：「貓對人的依戀不只是帶有功利目的，一定有情感基礎存在。」他引述一項研究發現，貓的壓力荷爾蒙值在人類接觸牠時比被關在籠子裡時低。他補充說：「認為牠們會將主人視為母親的替代品是合乎邏輯的。」

我們的貓想要啥，我們往往會照辦（也許貓咪「利用情感支配」我們而不是真的愛我們，就像垃圾女友或廢渣男友一樣），但既然牠們主動表示需要我們，這不是更好嗎？呃，林肯大學研究得出的結論是，貓「通常是獨立自主的……不一定依賴他人來獲得安全感」。領導這項研究的丹尼爾‧米爾斯（Daniel Mills）教授說：「我認為貓確實與主人有情感上的聯繫，我只是認為目前還沒有任何令人信服的證據表明這是一般心理學所指的依附心理。」林肯大學研究人員的成果結論強而有力，所以他們為研究報告訂的標題為〈家貓對主人未表現出安全感依附〉。是的，明明白白大寫蓋棺論定。喔呼，好痛。

如果想讓你的貓更愛／喜歡你，二○一九年一項有趣的研究指出，花更多時間陪伴貓會讓牠們更加依戀你，感覺這不是大家早就知道了嗎？該留心的是，只有當親近互動的開始和結束都由貓主動帶領時才有效。看吧，貓和你交往過最糟糕的女友或男友實在很像。另一個和貓咪感情升溫的技巧是「慢動作眨眼（slow blink sequence）」──有項研究發現，**慢速眨眼會讓貓更喜歡你**。每次我的貓需要撫慰時，我都用這招，似乎確實有效。

5.03 貓為何對貓薄荷情有獨鍾？

獅子、老虎、豹和家貓遇上了貓薄荷的葉子都無法自拔，這是種薄荷科植物，開著粉紅色或白色小花。當貓聞到它時，通常會一點點細咬和舔舔葉子，然後表現出類似發情母貓的行為，在葉子上又磨蹭又翻滾，發出咕嚕聲，流口水，甚至產生幻覺般東追西跑的，**此時貓其實就是嗑到茫了**。這種反應會持續大約十分鐘，然後開始發生氣味疲乏（smell fatigue），接下來的半小時左右就對貓薄荷免疫了。

貓薄荷對大約三分之二的貓都有這種吸引力，這是貓對荊芥內酯（nepetalactone）的一種反應，荊芥內酯是貓薄荷葉中的一種揮發性油脂，貓透過鼻腔內的嗅覺皮膜（olfactory epithelium）感受到。嗅覺受體將對貓薄荷的反應投射到貓大腦的兩個區域：杏仁核（amygdala）與下視丘（hypothalamus），前者能調節情緒反應，後者有許多重要功能，其中包括釋放體內激素和管制情緒。下視丘會使貓的腦下垂體（pituitary gland）產生性愛反應，因此貓薄荷的作用就像人造的貓費洛蒙（一種行為改變劑）。如果貓吃了大量的貓薄荷，可能會表現出躁狂、焦慮或嗜睡等行為，但這種情況很少見，而且一般認為貓薄荷通常是無害的。

人類對貓薄荷的反應就不是這樣，它已被用來製作藥草茶，實行替代醫學療法的人聲稱貓薄荷可以治療偏頭痛、失眠、厭食、關節炎和消化不良。奇怪的是，並非所有動物都喜歡荊芥內酯——許多昆蟲避之唯恐不及，而且它是一種非常有效的驅蚊劑，可趕走蚊子、蟑螂和蒼蠅。

5.04 貓咪有辦法進行抽象思考嗎？

對貓認知能力所做的研究少之又少，原因很簡單：一、貓不在乎我們怎麼想；二、這研究主題沒啥用。雖說認真就輸了，但別管這麼多，我們還是一探究竟吧（Let's deep this one*）。

所謂的抽象思維能力，指的是進行思考時，使用不具體、僅表達概念的語彙（愛、正義和倫理都是抽象概念），而非單純表達事實的詞語。關於貓——或者其他任何動物——是否能夠進行抽象思考，仍有很多爭議。有些動物展現的解決問題能力很驚人。有人認為這是抽象思維，因為這表示牠們能夠在做某事之前先好好想一下。黑猩猩會將工具磨利好拿來當長矛用，而且為了獲取食物動用了抽象推理；矮黑猩猩則利用木棍釣出白蟻吃；隆頭魚（wrasse fish）會用石頭敲開扇貝外殼；鸚鵡和恆河猴（rhesus monkey）都能表現出基本的算數能力。

那麼貓呢？日本的一項實驗中，研究人員向三十隻貓展示了一組盒子，其中一些在搖晃時會發出嘎嘎聲，而另一些則沒有。當這些盒子被翻過來時，看得出來其中有一些裝有物體，另一些則沒有。然而，有幾個盒子卻不像一般理智所預期的：一些會嘎嘎作響的盒子裡並沒有物體，而另一些不會響的卻有。貓最感興趣的正是這些不符合預期的盒子，這顯示牠們理解碰撞聲響和物體之間的關聯，因此具有基本的因果關係理解力。

---

* 英國青少年流行用語，意思是「探討嚴肅深奧的主題」。

好吧，貓能理解地心引力這種抽象概念嗎？

哇嗚，同學照過來。動物可以理解個別事物（知識的基礎成分，例如「一個嘎嘎作響的盒子裡可能有物體」）── 事實上，牠們在理解細節方面非常聰明。但這不表示牠們理解普遍現象（個別事物的共同特徵），這些通常是抽象概念。因此，黑猩猩會磨工具，矮黑猩猩會用棍子讓獵物自己上門，**貓可以對實體世界有預期心理（晃動作響的盒子裡有東西，而盒子翻過來它就會掉出來）**── 但這不是說牠們懂牛頓的引力法則。

你可以說貓在狩獵與追蹤獵物時會進行抽象計畫和預先想像，但這可能只是與生俱來的直覺反應 ── 跟蹤、追逐和掠食只是基因編碼早設定好的衝動行為，而不是一系列抽象思維的結果（「有點餓了，所以我最好攝取一些卡路里。什麼東西含有適合我消化道的卡路里，而且憑我的體能可以取得？老鼠。該怎麼做呢？好，就在老鼠洞附近埋伏，等老鼠出現……」）。

也有人認為貓會做夢（見第 69 頁），做夢往往被認為涉及抽象思維，但夢可能只是記憶的重播。來看看更明確的徵兆，匈牙利的研究者亞當・米克洛西（Ádám Miklósi）發現，貓能夠循著人類的手指方向移動目光，幾乎和狗一樣，這表示貓可以理解另一隻動物的想法（不過我家的貓從來不會跟著手指方向看，叫人有點不爽）。但同樣地，這比較算是個別事物，並不抽象。

事實上，心理學家布里塔・奧斯豪斯（Britta Osthaus）曾做過一項測試證明，**貓在解決問題方面還真有點笨拙。**她以不同的設置方式將食物連接到繩子上，發現要拉單一條繩子來獲取食物對貓不成問題，但是當有兩條繩子交叉或平行，其中之一連著食

物時，貓就無法選擇正確的繩子。而且表現比狗還差，好丟臉。

　　這下子明確否定了貓具有抽象思維，但要這玩意幹嘛呢？抽象思維能力有利有弊。能欣賞所有抽象藝術、倫理、宗教、文學和哲學對我們人類是件好事，但另一方面，所有爛東西也一併上身了：我們感受得到邪惡、抑鬱、內疚、存在的焦慮，與死亡對望。許（抽象的）願望前要三思啊！

5.05 貓咪做夢嗎？

科學家們一直無法確切證明貓會不會做夢，每當有人這麼問時，他們對這個問題顯然不願多談。但貓似乎很有可能會做夢。貓的大腦結構與我們相似，腦電波圖（EEG）顯示出相似的低振幅、高頻率的大腦活動，而且牠們在睡眠時會經歷快速動眼期（REM）——人類做夢總是會經歷此一階段。

在快速動眼期，大腦會抑制肢體產生動作，一九五九年，法國神經科學家米歇爾・朱維特（Michel Jouvet）讓貓的這個機制失效，並**觀察到熟睡中的貓抬起頭、似乎在跟蹤獵物、弓起背，甚至準備打架**，許多學者據此得出結論，貓確實會做夢。

在大多數哺乳動物身上都看得到做夢的跡象，而人類做夢的明顯程度只是中等。犰狳（armadillo）和負鼠（opossum）的快速動眼模式屬於最強等級，而海豚的則非常弱。我們為什麼會做夢，科學界的解答並沒有共識，但有很多種解釋——包括它可以幫助我們處理情緒、為社交和危險情況先行演練，以及加強新的記憶。別想我會開始談人類夢境有何重要意義——那是一個集深奧偽心理學、幸福白痴狂想和電視沙發呆腦袋於一體的黑暗世界。佛洛伊德的大作《夢的解析》（*The Interpretation of Dreams*）已經早被打臉拆穿，如果你想自己嚇自己，那就去讀一讀。裡頭的小男孩真淫穢。

5.06 貓會有快樂的感受嗎？

你會認為本書中要回答這題最簡單：「我撫摸貓時，牠會發出呼嚕聲，可見牠很開心。」偏偏事情沒有那麼簡單（貓受傷時也會發出呼嚕聲），這就是為什麼你找生物學家討論貓的情緒時，他們通常像見鬼一樣避之唯恐不及。討論貓的情緒之所以困難，是因為貓與狗不同，牠們喜怒不形於色。野貓往往獨來獨往，幾乎不需要表露心情或交流感情。然而，**核磁共振掃描（MRI scan）顯示，貓和人類一樣，大腦內同樣有產生情緒的區域，這表示牠們至少有適於體驗快樂的心理機制。**問題是，牠們真的體驗到了嗎？

回答這個問題之前，我們必須弄清楚感情和情緒之間的區別。在心理學中廣義來說（而且別忘了，該如何定義並沒有精準的科學共識，明確的感情與情緒列表也不存在），感情是有意識的、主觀的情緒體驗，而情緒本身是某種反應的體驗 —— 通常是感官透過大腦釋放的神經傳導物質（neurotransmitter）和荷爾蒙所激發的生理、生物狀態。所以，簡單來說，首先出現的是情緒，然後可能發展出感情。在壓力大（在牆上小便，在床上大便）、焦慮〔像是膀胱炎（cystitis）這種尿道感染〕、恐懼（尤其是害怕受攻擊）、無聊、恐慌和驚訝的時候，貓都有顯而易見的情感徵兆，這些都屬於情緒反應，但不代表貓像我們一樣能體驗到感情。比方說，若將害怕被強勢貓教訓解釋成對那隻貓有「敵意」，或者說貓享受撫摸的感覺是「快樂」，都是自作多

情，過度詮釋了。

一種感覺要能稱得上是**快樂，不僅得是愉悅的情緒 —— 它還是一種主觀的幸福感受**。這是一種能夠意識到愉悅心情對自己發生作用的能力。這一切與貓快不快樂有什麼關係？好吧，貓快不快樂很難證明，但神經科學家保羅・查克（Paul J Zak）發現，貓與主人玩耍十分鐘後，體內的催產素〔oxytocin，有時也稱為「愛情荷爾蒙」（love hormone）〕濃度升高 12%（狗的濃度則會上升 57.2%，大家也知道，牠們比較容易興奮過頭）。貓感受壓力時也會釋放腎上腺素和皮質醇（cortisol）等激素，興奮時會釋放內啡肽。因此這樣說沒錯，貓能感覺到高興和痛苦幾乎是肯定的，但高興不一定等於快樂，痛苦也不見得與悲傷相同。正如生物學家約翰・布拉德肖在《貓想啥》書中所說的那樣：「某種程度上我們會意識到自己的情緒狀態，而貓幾乎肯定不會。」因此，貓可以有心情愉悅的感覺，但不一定是快樂。

那麼內疚呢？如果你對你的貓大喊大叫，原因是牠扯破了沙發或把你泡在檸檬皮和新鮮百里香中醃了一整天的鱸魚吃掉了，貓可能會看起來像是帶著愧疚與挫折的樣子走開，耳朵扁扁的，有點駝背，但實際上，牠大概只是有點怕你凶巴巴的語氣。在 YouTube 上有很多拍下狗非常內疚模樣的有趣影片，但研究表明，如果你用憤怒的聲音與狗交談，無論牠們有沒有做錯什麼事，都會顯露出很羞愧的樣子。

5.07 你難過時，貓咪知道嗎？

狗有能力觀察人類情感的外顯跡象，並做出反應，而且在我們哭泣時，牠們特別敏感，這是經過充分研究證實的。狗兒演化上的祖先本是生活在複雜社群中的群居動物，因此期望牠們留意並回應情緒訊號是合理的。相對地，貓（野貓除外）就孤僻多了，幾乎不需要社交互動，因此你大概會想牠們無法理解人類的感受。但事實並非如此：二〇一五年發表在《動物認知》（*Animal Cognition*）雜誌上的一項研究指出，貓「對情緒有適中的敏感度」。

事實證明，**你的貓會根據你的表情是皺眉還是微笑，對你做出不同的反應。**與主人皺眉時相比，當主人微笑時，貓更有可能做出「積極正向」的行為，例如發出呼嚕聲、摩擦主人身體或坐在他膝蓋上。

然而，如果是陌生人做出相同的表情，貓的反應似乎就沒有這樣的差異，這意味著你的貓可能在與你建立關係的過程中，學會了閱讀你臉上表情。當然，這可能單純是典型的條件反射：當你心情好的時候（因此很可能在微笑），更有可能對你的貓表現關愛或餵牠零食，所以牠們可能只是對此做出回應。

儘管有上述這些情況，仍然不一定表示你的貓會在你哭泣時感到同情，但只要談到貓，牠們施捨一絲絲情感，我就很感恩了。

貓界奇葩錄

內閣首席捕鼠官

有證據表明貓咪進駐英國政府這項做法可以追溯到十六世紀，不過一直到二○一一年才首次出現「內閣首席捕鼠官」（Chief Mouser to the Cabinet Office）這個官方頭銜，唐寧街（Downing Street）的街貓賴瑞（Larry）榮任此職，這隻棕色與白色花紋的虎斑貓來自巴特西貓狗救助之家（Battersea Dogs and Cats Home）。牠的捕鼠能力之拙劣是出了名，但在二○一三年十月，牠好不容易在兩週內抓到了四隻老鼠。雖然面對人經常怯生生的，但巴拉克·歐巴馬（Barack Obama）顯然是例外，賴瑞還蠻喜歡他的。

5.08 從寵物門出去後，
　　　你家貓咪上哪兒去了？

要是你以為你家的貓會四處探險，生活精彩刺激，那麼請準備大失所望吧。大多數貓整天無所事事，66% 的時間在睡覺，3% 的時間光站著，3% 的時間花在走路上，真的非常活躍的時間只占 0.2%。而且牠們固定巡視的地盤小得驚人。澳洲有一項研究發現，市區貓咪的「日常活動範圍（home range）」面積在一百平方公尺（一千一百平方英尺）到六千四百平方公尺（六萬九千平方英尺）之間，聽起來好像挺大的，不過你仔細算算看就知道：一百平方公尺是長寬各十公尺（三十三英尺乘以三十三英尺），甚至六千四百平方公尺也只是長寬各八十公尺（二百六十三英尺乘以二百六十三英尺）。其實一點也不大。

一離開房子，來到戶外的貓往往會找一處較高的地方，確保自己安全，然後坐在那裡觀察自家地盤。若是看到牠們認為捕捉得到的小型哺乳動物或鳥類，可能多少會動念想來一波突襲，但從 GPS 追蹤器看到的常常是貓極少行動，而非多次出擊。與其他貓打架是極其罕見的──貓會竭力避免衝突，而未能自己站穩地盤的弱勢貓可能絕大部分時間都盯著窗外看，並在室內噴尿，避免到外頭遇上貓老大。

二〇一九年，**德比大學（University of Derby）的一組研究人員將相機安裝在貓身上，並研究了鏡頭所拍的一切。他們發現的第一件事是，25% 的受試者非常討厭相機，只好讓牠們退出**

這項研究。研究人員的第一項實際成果便是，當貓來到外面時，牠們會高度警覺，且有不少時間忙著偵測周圍環境。牠們遇到其他貓的機會很多，但並不積極溝通交流，兩隻貓通常只會距離彼此幾公尺坐著長達半小時。這和《革羅泰革的最後一戰》（*Growltiger's Last Stand*）＊差多了，對吧？

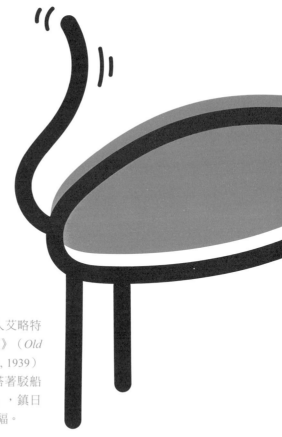

＊　革羅泰革（Growltiger）是詩人艾略特（TS Eliot）於《老負鼠的貓經》（*Old Possum's Book of Practical Cats*, 1939）書中所描寫的角色，是隻「搭著駁船雲遊四方、脾氣火爆的公貓」，鎮日鬥毆，在泰晤士河岸上作威作福。

5.09 你家貓咪的夜間活動是什麼呢？

有一種常見的誤解，認為家貓像牠們的野貓同胞們一樣是夜行動物（在夜間活動）。二〇一四年BBC的節目《地平線》（Horizon）追蹤記錄了貓的活動，發現**城市裡的貓有晝行性傾向（白天較活躍），而鄉村的貓偏好在夜間活動，但不管在城市和鄉村，有許多貓都是晨昏型生物（在拂曉和黃昏時分活動）。**

貓在晨昏時出沒能受益於牠們絕佳的低光源視覺，在曙暮朦朧光照下，對付老鼠和田鼠等小型哺乳動物的獵物更具優勢。老鼠的視力很差，但偵測周邊動態的視覺能力很好，而且經常依靠觸鬚來找尋方向，因此在黎明和黃昏時伏擊或跟蹤牠們再適合不過了。

有一些貓就是懶得打獵——喬治亞大學（University of Georgia）的研究人員曾在一組貓身上安裝攝影機，發現其中44%的貓會捕獵野生動物，大多在夜間行動，一般在七天內能捉到兩隻獵物。其中許多貓也可能讓自己置身險境：主要的危險活動是過馬路（45%）、遭遇陌生的貓（25%）、離家在外吃喝東西（25%）、探索防洪排水設施（20%），以及爬進可能會進退兩難的狹窄空間（20%）。

那麼，為什麼家貓與牠們的遠親非洲野貓的夜間活動模式相比差異如此之大？好吧，牠們的活動時間可能受馴化影響了，義大利墨西拿大學（University of Messina）的一項小型研究支持這個說法。此研究發現，人類的陪伴和照顧對貓的活動方式影響很大，因此可能根本不是與生俱來的變化，與遺傳基因無關。

貓界奇葩錄

塔比與狄克西（Tabby & Dixie）

亞伯拉罕·林肯（Abraham Lincoln）養的貓。據說林肯總統曾講過：「狄克西比我所有的內閣官員都聰明。」

貓界奇葩錄

娜拉（Nala）

Instagram 上最受歡迎的貓，擁有超過四百三十萬名粉絲。娜拉五個月大時被她的主人瓦芮西瑞（Varisiri Mathachittiphan）救助收容，她非常可愛，有著圓圓的藍眼睛，還有自己的貓糧品牌。

5.10 貓咪移情別戀

有一天，我們家的漂亮寶貝湯姆決定離家和別人出去玩。牠不是走丟了，因為我們大概每四天就有一天能見到牠，看起來健康又活潑。然而，我們滿心擔憂：我們對湯姆可是一往情深。隨著時間的推移，我注意到牠愈來愈胖。最後我逮住湯姆，帶牠去看獸醫，獸醫警告說湯姆患有糖尿病，與牠肥胖體型脫不了關係，並給牠戴上一個項圈，上頭標示「請不要餵我」。但湯姆仍繼續鼓脹發福，事已至此，答案很明顯了：有人固定餵牠。我們憂心忡忡，擔心牠病情加劇。不過，我們終於有了突破性的發現。秋天樹葉開始落下時，我們總算看得到鄰居的花園裡面，我老婆發現湯姆躺在窗外，旁邊放著滿滿一碗食物。牠只移動了幾百公尺！

　　鄰居為人和藹，只是非常需要陪伴。他知道自己不該餵湯姆，但感覺就是很難停止這麼做：他很煩惱，而且非常愛湯姆。但是我們家的人也很愛牠，我們真的非常希望湯姆回家。當然，湯姆想造訪任何人是牠的自由，但這位孤獨的先生得停止餵食牠，由於湯姆嗜吃如命，這樣做很可能會斷絕他們的情誼。這種痛苦的情況斷斷續續持續了兩年，直到那位鄰居搬走，湯姆一聲不喵，毫無歉意地回到我們身邊，重新縮回正常體型。

　　貓這種生物是出了名的善變，牠們離家去和別人住在一起是相當常見的情況。牠們離家通常發生在家裡來了新生兒、收容了另一隻寵物或生活環境變化的時候，但有時該歸咎到人為的力

量介入。寵物徵信社（The Pet Detectives）專門協尋遭竊或走失的寵物，總部位於英國，其主管科林‧布徹（Colin Butcher）估計，大約一半的貓都有第二個家。他還說，誘拐寵物（餵食且放貓咪入家門進而收養牠）是一回事，但可能會有竊盜嫌疑。

科林以前當過警察，他的一般做法是拜訪收養者並說服他們將貓歸還。正如他所說：「我可以說服人。」他相信大多數案件都能有令人滿意的結局，但他也遇過囤貓慣犯，他們將許多附近的貓隻聚集起來，持續餵養牠們，甚至將牠們都關起來。對於家中貓咪愛往外跑的人來說，這是一個棘手的道德難題：貓是野生動物，沒有人曾經告訴牠們，你是牠們的主人。從法律層面來看，如果鄰居對你的貓感興趣，你必須拿出證據證明他們打算永久剝奪你的財產才可稱其竊盜。但也許事實更令人沮喪，你的貓只是愛上別人了。

5.11 貓有辦法從幾公里外
　　　自個兒走回家嗎？

關於貓長途跋涉回家的新聞報導很多。一九八五年，一隻名叫「墨迪」（Muddy）的貓在俄亥俄州（Ohio）從一輛麵包車上跳下來，三年後牠回到遠在七百二十五公里（四百五十英里）外、位於賓夕法尼亞州（Pennsylvania）的家。一九七八年，豪伊（Howie）花了一年時間穿越澳洲，步行了一千九百公里（一千二百英里）回到家。一九八一年，米諾施（Minosch）花六十一天時間走了二千三百六十九公里（一千四百七十二英里）回到德國的家。儘管如此，我們還是不該放心認為貓天生能認路返家。畢竟，每天都有成千上萬隻貓失蹤，再也沒回來，而這樣的故事卻很少上新聞。像《一貓二狗三分親》＊那樣跋山涉水成功返家的貓可能是少數例外。

　　關於貓歸巢能力的科學研究很少，而且目前能掌握的資料大多非常古老。一九二二年，弗朗西斯・赫里克（Francis Herrick）教授將一隻母貓和她的小貓分開，使兩者間的距離從一・六公里逐步增加到六・四公里（一到四英里），而母貓總是有辦法找到小貓們身邊（讓人鬆了一口氣──教授也真是的）。一九五四年，**德國研究人員發現，當貓被放置在有多個出口的迷宮中，牠往往會選擇離家最近的出口。但牠們怎麼有辦法或為什麼這樣做仍然是個謎。**貓很可能會利用嗅覺、聲音和視覺來確認自己的位置，但可能只是不斷地搜尋路徑，直到找到自己的家。也有令

人心中燃起希望的跡象顯示狗能夠感應地球磁力（狗狗特別喜歡沿著南北向的地磁軸線大便），但貓是否具有相同的能力尚不清楚。

---

* 譯註：《一貓二狗三分親》（*The Incredible Journey*）是一九六三年上映的迪士尼經典老片，內容敘述有黃金獵犬、波斯貓和牛頭犬這三隻寵物暫時被主人寄養在朋友的牧場，寵物們竟自己踏上返家的旅程，途中翻山越嶺，彼此相互照顧，克服野外環境的種種危機，最終與主人重逢。

梵貓（The Van Cat）

土耳其梵貓（Van）並非如其名一般住在小型貨車中*。牠其實是一種家貓的品種，似乎喜歡水，曾被觀察到在土耳其的梵湖（Lake Van）中游泳。但說來奇怪，來自土耳其的梵貓與土耳其梵貓是不同的品種。

---

* 譯註：此處貓名為音譯，van 英文字義為貨運廂型車。

5.12 貓為什麼懼怕小黃瓜？

除非你一直是個獨居的山頂洞人，不然一定看過 YouTube 上的影片，在貓身後偷偷地放一支黃瓜，貓會大驚失色。當貓轉身發現黃瓜時，總是嚇到騰空躍起，弓起背，要嘛逃之夭夭，要嘛緊張兮兮地檢查它。這是怎麼回事？

有研究發現，貓已經能完全意識到物體恆存（object permanence），並擁有短期和長期記憶，因此會被突然出現的物體嚇到也就說得通了。但更重要的是，你別忘了，你的貓與牠的非洲野貓祖先幾乎沒什麼差別，牠們都在演化過程學會要避開危險的蛇。當黃瓜突然不知從哪兒冒出來時，不用想也知道貓有可能將它視為活的生物 —— 而且它的形狀確實和蛇非常相似。**所以，如果將黃瓜偷偷放在貓身後的地板上，貓很可能會嚇到花容失色，以為那是一條蛇**。這正是為什麼你不該為了拍一段好笑的抖音（TikTok）影片這樣捉弄貓。

5.13 貓為何討厭水？

許多貓一遇到洗澡時間就變得戰戰兢兢，百般刁難（這是一種差辱——貓溼透時看起來很搞笑），不過對於滴滴答答的水龍頭、水坑淺灘或你正浸泡其中的浴缸倒是興趣盎然。

貓對水愛恨交織，但不是所有的貓都討厭水。貓很少捕食水中生物（除了我家的賴皮，金魚殺手一枚），所以不需要接近水域來獲取食物。貓的飲水量相對較少，水分大多是從食物中取得。因此，牠們幾乎沒啥理由也不怎麼想跳進浴池、池塘或湖泊，這是可以理解的。有些貓主人說他們的貓〔尤其是安哥拉貓（Angoras）〕喜歡洗澡甚至游泳，也有人發現梵貓有時會在土耳其的梵湖裡玩水——但梵貓是與眾不同的特例，梵貓的防水毛皮被認為比一般貓身上的還多。如果你口袋夠深，撒錢不是問題，添一小臺貓咪飲水機還蠻不錯的，許多貓就算不喜歡浸在水裡，也會盯著水看到入迷（不過滴著水的水管或許也一樣能讓貓著迷，而且不需要花什麼錢）。

那麼洗澡呢？其實，大多數的**貓根本不需要洗澡，自己整理儀容可是牠們的專長**。貓舌頭上已演化出特殊的鉤狀腔乳突，可幫助清潔（見第 27 頁），貓也花大量時間清理自己。貓還非常努力地確保自己的毛皮沒有異味，因此會一直摩擦柱子，分泌氣味，彷彿相互較勁一般地不停舔毛。想來硬的就等著受死吧，你們這些臭人類。

5.14 為什麼你的貓就是愛抓沙發？

和你心中的答案不一樣，牠不是想將爪子磨利。貓抓撓沙發的理由有幾個：最簡單的原因是，貓非常喜歡摸東摸西，喜歡塞擠、搓揉和伸展爪子，並從腳爪上留下一點點氣味。更重要的是，貓的爪子外層有保護作用的角質蛋白鞘，角質蛋白鞘會不斷再生，每三個月左右需要脫落一次（見第 35 頁），出爪抓撓可以幫助牠們剝除老舊的鞘。人類的指甲會不斷生長以保護我們的手指末端，這些鞘與指甲不太一樣，但相差不多，你可能偶爾也會發現周圍有脫落的指甲屑。

抓沙發最有趣的解決方案是寵物指爪套（claw cap）──一種可以安裝在貓指甲上的細小假皮套。你可以買來各種鮮豔螢光色的爪套，讓貓感覺尊嚴蕩然無存，就看被撕碎的家具讓你感到多心痛。爪套每六週需要更換一次，不過貓可能會因此停止抓撓。更好的解決方案是購買或製作一個抓撓柱（製作原料最好是粗的椰子纖維或你家貓咪最喜歡撕扯的材料），然後將它放在你那張傷痕累累的小沙發旁，轉移慘案發生地。

5.15 為什麼貓上了樹會下不來？

貓喜歡坐在高處，這會讓牠們有安全感。儘管本身的狩獵能力高超，但牠們也是狗、大型貓科動物和其他大型哺乳動物的狩獵對象。貓坐在樹上或廚房門頂上是很有道理的，可以密切注視自己的地盤，還有家裡那隻一臉呆樣的笨狗：沒有其他人打擾牠們，貓真的很看重平和與安靜，尤其不想受其他貓打擾。

樹木也是追捕鳥類的好地方，而貓很可能就是這樣遇上麻煩。追得太開心會讓牠一時沒顧慮到自己可能爬得太高……

關鍵在於，**貓的爪子向後彎曲，所以雖然非常適合向上攀爬，但在俯身往下爬時不太有減速效果**。貓自己明白這一點，但牠們不習慣以後退方式爬下樹，所以當貓被困在高處時，可能會一時苦惱到下不來。而實際上，貓總是能夠自己爬下來，雖然牠們爬下來的樣子看起來非常笨拙，叫人為牠們捏把冷汗。

那該怎麼幫牠們呢？首先，**不要拿高高的梯子**。要援救驚慌失措的貓，爬到高處太容易讓自己摔成重傷。多數人認為，除非你的貓真的嚇傻了，不然只要等得夠久，又有充分誘因（也許是牠的小餐碗發出嘎嘎聲），牠最終會自己爬下來，而且講到從高處下來，這種事你大概比貓還怕。最好給自己找一塊毯子、一些貓糧和一本書，然後讓自己窩在樹下，一直等到貓靜下心來，無聊到能自己下來。只有當貓已經困在上面好幾個小時，你才應該請消防隊來。如果你真的這樣麻煩人家了，我建議你烤一塊特別好吃的蛋糕，準備好好謝謝他們。

5.16 為什麼貓喜歡窩在盒子裡？

Maru 是一隻享有極高人氣的蘇格蘭折耳貓（Scottish Fold cat），來自日本，非常喜歡盒子，牠跳進盒子的影片已經累積有一千萬次觀看。Maru 跳進盒子，Maru 跳出盒子，盒子翻倒，Maru 好愛盒子，Maru 好可愛。全部就這樣，真的沒騙你，就有一千萬觀賞人次。我的貓會鑽進任何盒子，甚至任何類似於盒子的東西，如水槽、袋子、烤箱或洗衣機。牠甚至會跑進我準備用來做麵包的攪拌缽裡。

　　盒子有啥魔力呢？嗯，沒有任何證據充足的研究可以回答，所以我們必須聽聽大家的想法，以下是一些最有說服力的：

一、貓的狩獵方式是埋伏後突擊，盒子提供了一個很好的藏身之處，可以從中竄出猛撲獵物，同時也可以讓家中的笨狗找不到牠們。這個說法的問題在於，貓也可能被困在盒子裡，而貓討厭受困，所以進入盒子是有風險的。或許，雖然擔憂被困住，但貓更想躲藏起來。

二、貓好奇心強，盒子就是讓人想一探究竟。

三、最可能說得通的想法之一是，就像人會想「把頭塞回蓬鬆的棉被下面，一切問題就會迎刃而解」，貓咪也有鴕鳥心態。二〇一四年，荷蘭有一項研究顯示，**到達動物收容所後，和沒有盒子的貓相比，有個盒子能躲在裡面的貓感覺的壓力要小得多，並且會比較快適應周圍環境**

和人類。對貓咪來說，躲在盒子裡有助於適應新環境。這狀況與貓普遍無法有社交活動的情況非常吻合：與其去應付環境變化，貓就是寧願避免和它打交道──這種做法似乎真能改善牠們的生活。基本上可以說，貓喜歡這個盒子，是因為裡面只有牠自己。

5.17 為什麼貓媽媽都是模範母親，
而貓爸爸表現非常糟糕？

貓不愛結夥搭擋，不過人們家中養的小母貓有時會繼續與母親一起生活，只要食物足夠而沒有人為干預（公貓在大約六個月時就會離開原生家庭）。若這些留下的母貓生了小貓，牠們通常會非常貼心地為彼此分擔照顧責任：陣容堅強的阿姨幫。

　　公貓很少幫忙撫養小貓。畢竟，母貓很可能與多隻公貓交配（這就是為什麼同一窩小貓可能具有許多不同的樣貌特徵，見第31頁），因此從演化的角度來看，公貓永遠無法確定自己是否在幫忙延續自己的血統。公貓的想法是，自己最好盡可能多繁衍後代。眾所周知，公貓會將與自己無血緣關係的小貓殺死，這樣子可能使母貓再次發情，因而願意再與公貓交配，公貓便可讓自己能優先傳承子嗣。這也是為什麼母貓可能不太希望有公貓接近自己的家人。

　　所以「貓媽媽好棒，貓爸爸壞壞」？事情可沒那麼簡單。比男性殺嬰更令人震驚的是**母親弒嬰（maternal infanticide），也就是母貓殺死並吃掉一窩小貓的其中一隻，然後仿若無事地繼續照顧剩下的其他小貓**。這種情況並不少見，一般認為在母貓感覺到小貓生病或畸形時最有可能發生。在野外，排除一窩中最弱小的幼崽可留下更多食物給其他幼崽，也更有餘裕保護牠們，因而提高後代繁衍茁壯的機會。吃小貓似乎有些不可思議，但是當母貓饑餓且壓力重重，多添加一點挺滋補的養分，為什麼不呢？這

情況真正令人感到悲哀的是，母貓非常敏感，很容易認為小貓病弱，引發母貓猜疑的很可能是與小貓無關的因素：小貓附近不尋常的氣味、小貓不同於以往的舉動，甚至只是微微抖動。

媽媽好能生

出生於一九三五年的虎斑貓達斯緹（Dusty）來自美國的博納姆市（Bonham），牠一生共生產了四百二十隻小貓。她的最後一窩是一隻小貓，出生於一九五二年六月十二日。根據金氏世界紀錄，在英國金漢姆（Kingham）有一隻緬甸-暹羅雜交品種的母貓，一口氣生下十九隻小貓，是文獻記載中最大的一窩小貓。

第六章
貓的感官

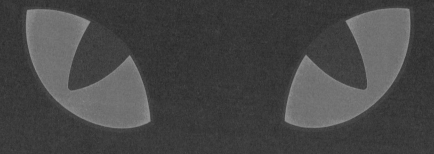

6.01 貓怎麼有辦法在黑暗中看見東西？

貓的眼睛是絕佳的狩獵神器，尤其是在光線昏暗的環境裡。貓眼在頭部所占的比例相當巨大——幾乎和人的眼睛一樣大——而且瞳孔可以擴大到人類瞳孔的三倍，因而能夠盡可能多接收可利用的光線（見第 37 頁），真是為夜間殺手量身訂做的好工具。

但貓眼的祕密武器是它們的**脈絡膜層，這是貓視網膜後面的綠色反光層，可以將光線反射到眼球背部，有效地讓進入眼睛的光線增加 40%**。因此貓能在〇・一二五勒克斯（lux，照明亮度的度量單位）的照度環境中看見東西（相比之下，人類的視覺至少需要一勒克斯的照度）。這組有用的工具在貓、鱷魚、鯊魚、狗、老鼠和馬等動物的眼睛裡都有。如果你在黑暗中用發亮的手電筒對著貓的眼睛，它們會反射出綠光，因為有一些光線被脈絡膜層反射並從視網膜溢出。白天看不到脈絡膜層，因為此時貓眼瞳孔關閉成細狹的（且看起來怪恐怖的）窄縫。

但是，專為低光源狩獵環境而打造的眼睛有一個缺點——日間視力會變弱。與人類相比，貓在日光下不僅視覺圖像模糊粗糙得多，而且還是近視（牠們看不清楚遠處的物體）加遠視（貓無法對焦任何在二十五公分或十英寸以內的物體）。事實上，貓眼的鏡頭系統效能非常低落，以至於貓通常都懶得嘗試近距離對焦。「正常」的人類視力靈敏度（清晰或銳利程度）為 20/20，而貓的視力靈敏度為 20/100——這意味著視力正常的人在相距三十公尺（一百英尺）處能看到的東西，貓必須在離該物體六公尺

（二十英尺）的地方才能看清楚。

　　貓眼睛後半部偵測光線的感光細胞與人類不同，儘管貓和人類都有視桿和視錐受器（rod and cone receptors，視桿細胞偵測黑白對比強度，視錐細胞偵測顏色），但**相較於人類，貓眼睛裡的視桿細胞比視錐細胞多，使牠們對明暗的感受非常敏銳，但對色彩較不敏感**。貓可以感知藍色和綠色，但沒有可看見紅色的視錐細胞，因此對顏色不感興趣。據推測，色彩識別能力幾乎沒有在演化上帶給牠們什麼優勢，因為這對狩獵不是特別有用。相反的，為了捕捉小動物，牠們的眼睛已經經過調整，將所需的視覺工具都升級。

　　貓眼的閃光融合率（flicker-fusion rate）也比我們高，儘管隨品種而有差異。這意味著牠們大腦中的視覺皮層能夠以每秒一百幀左右的速度辨別進入其中的圖像——比一般人類每秒處理六十幀的速度快得多。因此，貓比我們更能察覺細微的動作，但看到老式電視的畫面和日光燈就感覺一閃一閃的。

貓界奇葩錄

拉格斐的上流貓咪

傳奇設計師卡爾・拉格斐（Karl Lagerfeld）於二〇一九年去世後，他的愛貓邱比特（Choupette）名氣依然不減。牠有一個人氣頗旺的 Twitter 帳戶和一個經紀人，當然，拉格斐將二億美元（一・五億英鎊）的財產都留給牠也不是不可能。

多一道眼瞼

除了出色的夜視能力，貓還有瞬膜（nictitating membrane），這半透明的第三眼瞼從側面滑入，可以清潔和保護眼球。許多鳥類都有這層眼瞼──在火雞眼中尤其明顯──狗、駱駝、土豚（aardvark）、海獅（只在離水時使用）、魚、鱷魚和其他爬蟲類動物的眼睛裡也會看見瞬膜。

關於瞬膜，我最喜歡的一個現象是啄木鳥以鳥喙敲擊樹木的前一毫秒會將瞬膜展開繃緊，避免視網膜震動受傷。正常情況下，你很難看到貓的瞬膜（如果平常就看得到，那隻貓可能健康狀況不佳），但若你在貓睡著時輕輕撥開牠的眼睛，應該就能發現。不過祝你好運──我要是這麼做，我家貓咪大概會撕爛我的鼻子。

6.02 貓的嗅覺有多好？

貓的嗅覺不如狗，但還是能將人類比下去。其嗅覺機制與我們相同：貓呼吸空氣，空氣中一些氣味揮發物（攜帶氣味的分子）到達貓的嗅覺皮膜（鼻子中專門用於感知氣味的區域）。貓的嗅覺皮膜是人類的五倍大，還包含數百萬對氣味敏感的神經末梢，其上覆有一層薄薄的黏液。氣味分子溶解在這個薄黏液層中，與數百種不同的神經末梢相互作用，產生訊號後發送到大腦。不同的神經末梢檢測不同的分子（不過其詳細機制仍舊待解），大腦利用這些訊息來評估整體氣味。

　　貓需要強大的嗅覺來追蹤獵物，同時需要了解其他貓的氣味，通常是尿液、糞便或各種腺體分泌的氣味。這些氣味會透露貓的年齡、健康、交配準備狀態的相關訊息，但也用以標記地盤，好讓貓知道要避開彼此。

　　貓還有個獨立的氣味檢測第二機制，稱為犁鼻器，隱藏在牠們的口腔頂部，並透過上門牙後面的兩個小管連結。它與嗅覺皮膜不同，是一個充滿液體和化學受器的囊，能夠感知溶解在唾液中分子的氣味，有兩組微小的肌肉抽吸和擠出唾液。貓的犁鼻器偶爾才會使用 —— 在社交場合中偵測其他貓的氣味（通常傳達性方面的訊息）。牠們動用犁鼻器時，你通常看得出來，因為牠們必定會出現一種叫做裂脣嗅反應（Flehmen response）的奇怪表情 —— 這是一種輕微張嘴訕笑的模樣，嘴脣向上拉，露出上排牙齒，嘴巴微微張開，舌頭下垂，馬和狗也有類似的舉動。

6.03 你家貓咪的味覺有多好？

貓的味覺相對較差，只有四百七十個味蕾，而狗有一千七百個，人類有一萬個。貓的肉食性飲食意味著牠們不需要受甜味水果和蔬菜吸引，相反的，牠們的感官系統專注於肉類在舌頭乳突（papillae）上傳達的鹹、苦和酸味。貓無法嘗到甜味是因為其中一個編碼為 T1R2 蛋白（甜味受器的一部分）的基因天生就存在缺陷，這種基因變異在貓演化的早期階段就發生了，因此牠們本能地對葡萄糖（glucose）、蔗糖（sucrose）和果糖（fructose）感到索然無味。代謝機制會消耗大量能量，所以為了保存能量，貓的身體無需產生消化糖的蔗糖酶（invertase），因為牠們不吃糖──或者任何澱粉類蔬菜，像我們這樣的雜食動物會將這些分解成形式更簡單的醣。這種生理特性的缺點是，如果貓確實喝了含糖物質，牠們感覺不出它是甜的，而且也沒有可分解它的消化工具，可能會生病。

　　英國皇家學會（Royal Society）二〇一六年發表的一項研究發現，比起味道，貓對食物中的蛋白質與脂肪比例更感興趣。牠們能感覺到這個比例（雖然還不太清楚貓是如何辦到的），且因應不同比例調節自己身體的需求，貓偏好 70% 蛋白質和 30% 脂肪的平衡比例。研究人員得出相當特別的結論，從長遠來看，**對貓來說，營養均衡比味道更重要，而且牠們自己主動依照身體需求進食**。一方面有點令人惋惜難過，另一方面也給我們這些人類上了一課，我們被美食綁架了舌頭，被風味牽著鼻子走，該怎麼實行健康飲食，我們都知道，但幾乎做不到。

6.04 你的貓聽力有多好？

貓 的另一項超能力是聽覺（視力已超強），能偵測到的頻率範圍 * 不僅幾乎比任何哺乳動物廣，而且由於兩側耳瓣〔稱為耳廓（pinnae）〕能獨立旋轉，牠們還能夠準確偵測聲音來源。

貓能夠聽到的音頻比人類高得多，貓是六萬四千赫茲（六十四千赫），而人是二萬赫茲（二十千赫），貓大約比人高兩個八度。這對於確認老鼠（貓最愛的小零食兼玩具）位置特別有用。**老鼠和其他囓齒動物使用高頻的超聲波發出吱吱聲進行交流，貓不僅聽得到，甚至能藉以區分不同類型的囓齒動物。**貓對低音的敏感性也很好，與我們可聽見的低頻相當，在二十赫茲左右。大多數哺乳動物的聽力集中在某一區音階發揮作用，但貓的耳膜後面有一個特別大的共振室，該共振室被分成兩個相互連接的隔間，因而擴大了貓聽得見的範圍。

貓的耳廓可以旋轉一百八十度，是絕佳的狩獵和攀爬輔助工具。使牠們能夠從三個維度分析聲音，對一公尺（三英尺）外發出的聲音，偵測誤差值不到八公分（三英寸）。要做到這件事，貓的大腦會以多種方式評估兩隻耳朵所接收聲音之間的細微差異。透過同步傳遞的差異（同一來源的聲波抵達一隻耳朵比另一隻耳朵更早一點點）來判斷低音調的聲音，而藉由清晰度的差異（聲音在離來源最遠的耳朵中聽起來會稍微含糊不清）來判斷高音調的聲音。

---

* 聽力比貓更好的少數動物包括鼠海豚（porpoise）、雪貂，以及讓人意想不到的牛。

6.05 貓咪的觸覺好嗎？

觸覺、壓力、疼痛和溫度的感覺是由美妙的體感系統負責，對人類和貓都一樣。這是一片構成網路的感測器〔也稱為受器（receptor）、神經末梢或感覺神經元〕，它們產生微量的電信號，透過軸突（想像這些是連接我們大腦與觸覺受器的細小電纜）將壓力、冷熱、疼痛、振動、平滑感、搔癢等訊息傳遞到大腦。將手指放在手臂上，物理受器（觸摸傳感器）會產生一點電脈衝，沿著軸突傳輸到大腦，在貓體內的運作方式相同。

貓的腳掌、爪子和牙齒對碰觸特別敏感，但再怎樣也比不上鬍鬚（或觸鬚），鬍鬚是根基深嵌的堅韌毛髮，且經過調整改良，在其底部布滿了觸覺敏銳的物理受器。它們非常敏感，大多數位於貓鼻子兩側的兩小塊區域 —— 每隻眼睛上方都有這種區塊，只是較小，如果仔細觀察，前腿的「手腕部分」後方也有。

貓可以將觸鬚指向前方以獲取近距離的感覺資訊（有助於彌補眼睛在二十五公分／十英寸以內無法聚焦的弱點），而且還可在打架時將觸鬚往回掃以提供保護作用。它們的敏感度夠強，能帶給貓的詳細資訊包括空氣流動和貓移動時經過的物體，以及縫隙間距是否足以讓牠爬行穿過。

最長貓鬍鬚

有史以來測量過最長的貓鬍鬚就在米希（Missi）身上，這是一隻來自芬蘭伊斯偉西（Iisvesi）的緬因貓。根據金氏世界紀錄，牠的鬍鬚長達十九公分（七·五英寸）。

第七章
貓言喵語

7.01 為何貓咪喵喵叫？

說來奇怪，貓咪喵喵叫是特別為了與人類交流而產生的，很少（幾乎沒有）用來與其他貓溝通。更奇怪的是，非常明確的喵喵聲在不同的貓和主人之間可能具有完全不同的含義。一隻貓表示「餵我」的叫聲，由另一隻貓發出可能意指「別管我」，貓叫聲的功能似乎是在每隻貓和牠的主人這兩物種的共同生活中發展出來的，可用來表示饑餓、煩惱的感覺，或者渴望關注、撫摸或希望門打開。**貓和主人似乎用一種搭擋之間的獨特語言互相培訓演練**── 被陌生貓對著喵喵叫的貓主人（是的，研究人員確實去研究這些東西）會覺得很難懂牠們想表達什麼。

　　一九四四年，美國心理學家米爾崔・默克（Mildred Moelk）對貓的語彙進行研究，確定了十六種彼此不同且具有意義的貓對人、貓對貓語音信號。她的工作成果出奇優異，在今天的研究中仍被廣泛引用，許多生物學家已將其範圍延伸擴大。默克將貓叫信號分為三組：不張嘴的低語、一開始張嘴再逐漸閉上的母音「喵」叫聲，以及最響亮也最緊急的緊繃張嘴叫聲。默克甚至想出一個奇怪的語音系統來發出這些聲音，表示需求的貓叫聲為 'mhrn-a':ou（試試看：確實不是亂蓋的）*。叫聲之間的差異基本上在於貓叫的持續時間、基本音高（所謂「音符」），以及叫的期間音高是否發生變化。默克大致為每種叫聲歸納出彼此的關聯，組合出六種不同類型的喵喵叫：友好、自信、滿足、憤怒、恐懼和痛苦。

---

* 冒號表示前面的母音拉長，引號表示重音。

低語：打招呼或表示滿意

1. 呼嚕　　　　　　　　　　　　　　　　（'hrn-rhn-'hrn-rhn）
2. 表示請求或問候的「啾啾喳喳」　　　（'mhrn'hr'hrn）
3. 呼喚　　　　　　　　　　　　　　　　（'mhrn）
4. 肯定／讚許　　　　　　　　　　　　　（'mhng）

母音喵叫聲：請求／抱怨

這組有我們熟悉的喵叫聲，以及求愛的呼喚聲。

1. 需求　　　　　　　　　　　　　　　　（'mhrn-a':ou）
2. 乞求　　　　　　　　　　　　　　　　（'mhrn-a:ou:）
3. 困惑　　　　　　　　　　　　　　　　（'maou?）
4. 抱怨　　　　　　　　　　　　　　　　（'mhng-a:ou）
5. 交配叫聲（溫和形式）　　　　　　　　（'mhrn-a:ou）
6. 怒吼　　　　　　　　　　　　　　　　（wa:ou:）

非喵喵聲的高張力叫喊：興奮、攻擊或壓力

這些叫聲有許多不同版本。

1. 咆哮和憤怒嚎叫
2. 低吼
3. 交配叫聲（激烈形式）
4. 痛苦尖叫
5. 厲聲拒絕 —— 一種哈氣嘶嘶聲
6. 啐沫、吐口水

這些高張力的叫聲代表什麼大多是不言自明的，例如貓媽媽會因為小貓的行為太過分而對牠們咆哮。然而，嘶嘶聲所表達的是憤怒，如果你不退讓，兄弟，接下來你可能就要看牠吐口水了。

7.02 為什麼貓會打呼嚕？

所有的貓都會發出呼嚕聲 *，但為什麼會這樣，真讓我們一頭霧水，因為會聽見這個聲音的奇怪場景能列出一大串，無論是感覺滿足還是有壓力。甚至有個令人眼睛一亮的證據表示，呼嚕聲有助於治癒骨折，這點稍後再來談。

當貓焦慮、平靜、疼痛、分娩、受傷和想要被餵食時，都會發出呼嚕聲。小貓約一週大開始吸奶時就會打呼嚕了，這是母親和小貓之間使彼此安心的撫慰信號之一，然後隨著貓成年而習以為常。

貓在吸氣和呼氣時都會發出呼嚕聲，雖然我們聽來那聲音是連續未中斷的，但在兩次呼吸之間有極細微的停頓。呼嚕聲包括一連串快節奏的聲音，每一拍都是由喉部的聲帶褶（vocal fold）在聲門（glottis，聲帶之間的開口）關閉又打開時突然分離而產生的。**這些呼嚕聲的頻率通常為每秒二十到四十次**（但也可能達到每秒一百次），而且不像人類說話那樣由通過聲帶褶的空氣控制，而是由非常快速收縮又放鬆的肌肉來控制，這些很可能由不受控制的自主神經振盪（貓大腦中產生快速節拍的機制）所操縱。

事情到這裡還沒完，因為通常在討食物時，貓會在呼嚕聲中添加類似喵喵聲的語調。至少有兩種不同的呼嚕聲：貓不要求任

---

* 好吧，應該說所有的家貓都會打呼嚕，獵豹也會。事實上，貓科的所有成員都可發出呼嚕聲或咆哮聲，但不可能二者兼而有之。獅子和老虎有一種短促的碎嘴嘟囔聲，聽起來像是在發出呼嚕聲。這不算。

何東西時的「正常」呼嚕聲，以及讓人感覺更緊急、聽來更不舒服且難以忽視的「討求」呼嚕聲，很可能是因為貓增加了頻率在二百二十到五百二十赫茲的音調，而這很接近三百到六百赫茲的嬰兒哭聲音頻。就這樣，你的貓又操縱、玩弄你了。

有一種理論認為，呼嚕聲可以促進貓的傷口癒合和改善骨質密度。貓在受傷的恢復過程中或去看獸醫時會發出呼嚕聲，即使是在明顯焦慮的情況下也會，一些針對人類的研究已發現，某些振動頻率有助於治癒折損的骨骼和周圍的肌肉。對骨骼最有幫助的頻率範圍是二十五到五十赫茲 —— 近似於最常見的貓呼嚕聲 —— 而皮膚和軟組織的最佳頻率範圍約為一百赫茲。**因此，貓的呼嚕聲可能有助於身體修復 —— 或者至少可以保持骨骼和組織處於良好狀態**。如果和身體真有這樣的關係，一隻打呼嚕的貓很可能是一隻稍微健康一點的貓。

最響的呼嚕聲

二〇一五年，英國德文郡（Devon）托基鎮（Torquay）的收容所裡有一隻名叫梅林（Merlin）的貓發出六十七‧八分貝的呼嚕聲，幾乎和洗碗機一樣大聲。

7.03 肢體語言 ── 貓咪究竟想說什麼？

尾巴的語言

尾巴是貓最顯眼的溝通工具之一，不過你得確實知道自己看到了什麼。**沒養貓的人常犯的錯誤是認為牠搖尾巴表示開心，然而通常情況恰恰相反。**如果貓慢慢地甩動尾巴，往往是一種惱怒的表現，有時牠正準備揮出一隻鋒利的腳爪。「給我退後！」牠是這麼告訴你的，你應該明智地接受這個建議。同樣的，一條毛髮豎直、舒張展開的尾巴也完全表明攻擊意圖。

另一方面，如果一隻貓朝你走來，尾巴朝上但在空中是放鬆的，那麼牠顯然對你有好感 ── 儘管我們不知道牠是想向你表達這種感情，抑或只是因為感覺很親切就把尾巴翹起來，緊接在這種行為之後的經常是用頭磨蹭你的腿。

眼睛

如果你的貓慢慢地眨眼，尤其是半閉眼皮，表示牠現在感覺安全且滿足（以慢速眨眼回應是貓語溝通師的慣用伎倆）。如果牠不眨眼，請仔細觀察牠的瞳孔：如果瞳孔放大，牠可能正感覺興奮或害怕。

舔舐

我的貓幾乎每天早上都會把我舔醒，要求我撫摸牠；如果舔舐還叫不醒我，牠會用爪子半伸展的腳掌輕輕地拍我。許多貓會

舔牠們的主人，這可能是一種仿效社交梳理（allogrooming，相互梳理毛髮）的行為，在母貓和小貓之間與熟悉的貓彼此間可以花上很長的時間這麼做，但除了聯絡感情和尋求關注之外有何意義尚無法確定。

以頭牴撞

貓可能用出奇有力的頭槌頂撞來引起你的注意，為了讓你專心溫柔地撫摸牠，或者是因為餵食的等待時間太長，有些不耐煩了，但牠這麼做的同時也會用氣味標記你。**這種用頭去頂的行為被稱為牴撞（bunting），是對人有感情的明顯跡象。**

為什麼用頭來頂呢？貓的嘴巴周圍、兩側臉頰、沿著尾巴及尾巴周圍都有腺體，最重要的是，貓眼睛和耳朵之間的前額上也有腺體，牠們通常用頭部來撞擊你。這可能不是偶然，這一處也是多數貓最喜歡被主人撫摸的地方：這樣的接觸有助於標記氣味且表達愛意。我們聞不到這些氣味，但它們對你的貓很重要。牴撞時，貓通常會放鬆耳朵，緩慢而平靜地走動且半閉著眼睛。

朝著人臉秀肛門

我養過的每隻貓都非常喜歡用肛門對著我的臉，通常都快貼上來了，我看見我家貓咪的肛門肯定比看自己的要多了幾百次。老實說我想我從來沒有見過自己的，你見過嗎？不管怎樣，我總是想知道展示自己的肛門是否象徵了什麼：也許是不屑？展示力量？純粹找樂子？生物學家在這個問題上沒表示過看法，但人們認為，貓信任你才會轉身背對著你。

7.04 貓如何彼此溝通？

貓通常是獨居的，但也有例外。獅子能夠維持雄性和雌性共處的強大獅群，使獅群機能運作良好，野貓（基本上都當過家貓）可以一大群一起生活，同一窩的貓通常能好好地相互包容。如果在很小的時候就見面往來，無親屬關係的貓有時能和睦相處*，即使是城市裡的貓也很難和彼此完全避不碰面，因此不得不發展出一些交流方式來和平相處，避免打架。

貓很少互相交談，喵喵叫幾乎只用於和人類交流（見第 101 頁），而嚎叫或吼叫僅用於對峙和打架，這些情況並不常見。相反的，貓會使用許多與人類溝通時所用的肢體語言信號，加上秀出尾巴、摩擦、交換氣味混合組成的複雜系統，其中社交梳理尤其值得注意 —— 這種相互理毛的行為能持續花上很長的時間。

尾巴

如果貓很樂意接近對方，牠們會一派輕鬆地將尾巴直直地舉向空中 —— 儘管目前尚不清楚這是為了交流而刻意傳達的和平信號，還是在這種情況下就會自然發生。另一方面，如果貓翹起尾巴，向兩側擺動且毛髮聳立，則表示感到恐懼或懷有敵意，通常伴隨著其他憤怒的徵兆。

---

* 不過呢，當一隻小貓成為我們家的新成員，想讓十歲的可愛虎斑貓湯姆接納牠，可是一場徹頭徹尾的災難。

眼睛

　　不在意彼此在場的貓通常會眼睛半閉地緩慢眨眼，就像對待人類一樣。貓更能意識到其他貓的瞳孔是否放大，有可能表示感覺興奮或恐懼，長時間注視則可能代表要發動攻擊。

耳朵

　　貓的耳朵由二十幾塊肌肉控制，可以旋轉一百八十度。當耳朵朝向上方和前方時，可能表示貓很高興並準備好要玩耍；當耳朵直立且向後捲曲時，可能表示貓具有攻擊性。在有所防備時，貓的耳朵會平展，朝向側面或有時向後方，不過這可能是一種邀請玩耍的招呼姿態。

磨蹭

　　貓似乎不會像對待人類那樣對其他貓牴撞（見第 106 頁），但如果兩隻貓相見歡，牠們會相互摩擦，以便可以交換氣味。野貓會在群體中使用這個行為信號，不過目前還不清楚牠們這樣做是為了結交朋友，還是因為彼此已是好麻吉。

社交梳理

　　彼此熟悉的貓見面時，經常會互相梳理毛髮。這種做法可能與牠們幼時受母親照料打理的親密體驗有關，牠們會小心翼翼地互相舔舐，同時交換氣味，結果似乎確實使衝突減少。原因有可能是一群貓交換氣味有助於創造一種由眾成員參與製作、能加強情感連結的共有氣味。奇怪的是，通常是占主導地位、最具攻擊性的貓負責大部分的梳理工作。

毛

　　當豎毛現象發生時，貓毛底部毛囊會發揮作用，將毛髮拉直。這是由貓受到驚嚇時腎上腺素自動釋放所觸發的，從而引發毛髮豎立的效果。這會使貓體積膨脹，讓牠看起來身形撐到最大，威脅性增至最強（雖然不清楚貓是否自己意識到或刻意想要達到這種效果），因此當貓同時感覺想發動攻勢又警戒防備時，就會有這種反應。

拱背弓身

　　當貓整個身體拱起呈弓形，且毛像豪豬的刺一般豎起外張，牠的攻擊意圖已經很明顯了 —— 當我的狗經過時，我的貓會立即以這種姿態哈氣發出嘶嘶聲，只有在狗離開後，牠才會脫離那種狀態蜷縮起來。我不知道你是怎樣，但我快嚇得魂飛魄散了。若弓身拱起而沒有豎起毛，有時可能是向人類表示「撫摸我」的其中一種信號。

腹滾翻身

　　一九九四年，《不可思議研究年鑑》（*Annals of Improbable Research*）這本絕讚的刊物登了一篇名為〈家貓和被動式屈服〉（Domestic Cats and Passive Submission）的研究。有位希拉蕊・費德曼（Hilary N Feldman）女士花了六個月時間觀察了一百七十五次半野生貓咪打滾，並指出其中一百三十八次「顯然有接收其信號者」。母貓大多在發情時翻滾，而公貓這樣做則大多「用以表示服從」。另一方面，貓會在遭受猛烈攻擊時翻身反擊，抬高有力的後腿，爪子完全出鞘，準備狠狠地踢一腳。雖然很少見，但像這樣的激鬥，場面十分慘烈，令人不忍觀看，還可能導致嚴重傷害（見第 59 頁）。

第八章
貓與人

8.01 我們怎麼會喜歡貓更勝於雪貂呢？

貓固執、冷漠、善變、苛薄，在樓梯上嘔吐，又將跳蚤和動物屍體帶進你家，往往還離家出走到鄰居那兒住。牠們是出了名的難管教，即使你能訓練牠們，也很難讓牠們做任何有貢獻的事情。另一方面，雪貂聰明、好玩、能幫忙、適應性強，可加以訓練來捕食嚙齒動物，不可不提，兔子──這是世界各地農民的心頭大患，光憑這一項就應該讓牠們在寵物啄序中將貓壓下去。雪貂睡得很多，懂得使用寵物便盆，且喜愛人類陪伴。英文稱一群雪貂所用的集體單位詞也能指「一筆生意」（business）＊，這樣不教人疼愛還有天理嗎？

非洲野貓很可能在人類開始務農耕種後不久，就先受到人類歡迎，因為牠們能輕鬆捕捉到受穀倉儲糧吸引而來的小型嚙齒動物，這些小動物也挺美味的。努力發展出農業後，我們的祖先最不想發生的事就是老鼠出沒而把這一切毀了。但是，既然現在貓的狩獵技能相對無用武之地（除非你真有座糧倉），還留牠們在房子裡四處遛達做什麼？

嗯，部分原因是雪貂喜歡逃跑，所以需要關在籠子裡，放出來後還必須不時盯著。牠們很愛偷你的東西藏起來，且幾乎把能塞進嘴裡的任何東西吃掉。雪貂的健康出問題也很常見，身體狀況很多，因此看獸醫可能要花不少錢。除非你是農民（或者真的

＊ 譯註：英文稱一群雪貂除了用「a group of ferrets」，也可說「a business of ferrets」。

很討厭兔子），否則要說有沒有用，雪貂真的和貓半斤八兩。

　　在演化之路上，推動貓前進的無形魔力與其說是捕捉老鼠，不如說是牠們容忍我們的能力，還有一副看起來很可愛的模樣。貓有一個很大的優勢，與人類心理的連結比其他任何東西都強：貓比雪貂更容易擬人化。**貓的臉部結構與年幼人類非常相似：都有平坦的臉、高高的前額、小鼻子和朝著前方的大眼睛**，這讓我們（老是錯誤地）以為自己可以和牠們拉近關係。這一項因素再加上貓相對容易照顧，而且夠獨立，將牠整天留在家中也沒關係，如此一來，你就得到一隻動物作伴，牠能讓自己賴在現代都市人身旁，滿足我們內心深處為人父母的欲望，使我們忘卻存在的虛無感。

貓界奇葩錄

塔拉伍德・安蒂岡妮（Tarawood Antigone）

關於貓的種種世界紀錄不能全部當真，不過一九七〇年八月時，這隻緬甸貓（Burmese）顯然在英國牛津郡（Oxfordshire）一口氣產下了十九隻小貓，其中十五隻順利存活：十四隻是公的，一隻是母貓。

8.02 貓對我們的身體健康有益嗎？

我們養的貓對自己的身體健康有益，對吧？每個人都這麼講，這說得通：照顧另一個生物讓我們保持警醒，牠們的陪伴使我們快樂，毛茸茸又那麼可愛有什麼問題呢？嗯……有好消息也有壞消息。

好消息是……

是的，有一項研究表示，養貓意味著身體健康，包括所有心血管疾病的死亡風險降低，心臟病發作的存活率升高。另一項調查則得出結論，與寵物一起睡覺可能有助於好好休息（儘管相當多受試者發現寵物會擾亂睡眠），而且還有研究指出，與寵物一起長大的兒童不太容易罹患哮喘病。瑞典有位傑出的研究者觀察心臟有問題的人，發現養狗的人的健康狀況比不養狗的人更好，而澳洲的一項研究發現，**家裡養貓或狗的兒童發生腸胃炎症狀的機率比沒養寵物的人少了 30%。**

然後還有訪談調查，其中一項發現，87% 的人認為養貓對他們的健康有正面影響，76% 的人認為貓的陪伴有助於他們面對日常生活。另一項調查發現，養貓對你的個人魅力有微微的助益 —— 女性養貓者的吸引力會提高 1.8%，男性養貓者的吸引力高了 3.4%（同時，養幼小貓咪的男性被認為魅力升高了 13.4%）。不過得要注意：訪談調查沒那麼單純，因為進行方式是詢問人們的意見，大多數科學研究者認為這是非常不可靠的

──科學家們比較喜歡設計巧妙的方法來排除人為觀點，並專注於證據。更重要的是，調查沒有經過同儕評閱，有時只是裝扮粉飾得像重要研究的公關（PR）報告，好刺激行銷或引起注意，所以不能輕率採用。

壞消息是⋯⋯

　　反過來呢，很遺憾的，我得說許多學術研究表示，養寵物和身體健康沒有關聯，甚至可能帶來負面影響。坎培拉（Canberra）的澳洲國立大學（Australian National University）在二〇〇五年有一項研究報告說，**六十歲到六十四歲與寵物一起生活的成年人，比那些沒養寵物的人更容易抑鬱、心理健康狀況不佳、精神病傾向明顯、服用止痛藥且身體狀況更差**，另一項澳洲的研究表示，養寵物對老年人的身心健康沒有影響。芬蘭的研究人員發現，養寵物的人自覺健康感受沒有更好，反而較差，而且和偏高的BMI、高血壓、腎臟病、關節炎、坐骨神經痛、偏頭痛和恐慌症等情況有關。貝爾法斯特女王大學（Queen's University Belfast）的研究發現，患有慢性疲勞症候群（chronic fatigue syndrome, CFS）的寵物飼主相信寵物為他們的心理和生理帶來了許多好處，但實際上他們疲倦、沮喪和煩憂的情況與沒養寵物的CFS患者是一樣的。

　　但是，為什麼我們好像聽都沒聽過這些事呢？一部分是因為人們比較想相信貓對我們有好處（畢竟我們確實愛牠們），原因之一是正面結果發表偏見（positive-outcome publication bias）。就算科學界認定，證明為錯的理論與確證無誤的理論一樣有價

值，美好正向的研究結果還是比非正面的結果更有可能被發表（且被其他研究引用）。另一個影響因素是鋪天蓋地、叫人難以招架的科學新聞。這些文章的標題經常像是「養貓對你有益的十個科學解釋」，我花了令人沮喪的兩個星期試圖追蹤許多文章的來源，並發現它們所給出的「科學解釋」中，引自任何學術相關研究的不到三分之一。其餘的往往是盲目、重複照搬的個人觀感、假設，甚至是被當作事實兜售的明顯謬誤。當你閱讀被引述的研究時就會發現，有許多說法，例如貓對自閉症兒童有幫助，且沒有得到證實，就剛才舉的例子來說，協助自閉症兒童的研究是專門針對狗做的。我不想在任何深愛毛茸茸小傢伙的人頭上澆冷水，我發誓我超愛我的貓，但讓我們就事論事，好嗎？

貓界奇葩錄
塔拉（Tara）

在 YouTube 上看貓咪的短片可能會讓你耗掉生命中很大一部分時間，但這裡要提的是一段很棒的影片。二〇一五年，監視攝影機拍到，當主人的四歲兒子被鄰居惡犬攻擊時，塔拉挺身而出，飛奔過去營救，在惡犬撕咬男孩的腿時襲擊牠，把牠趕走。塔拉因此英勇行為迅速出名，而那隻惡犬不久後被證明有危險性而遭到安樂死。請上 YouTube 搜尋「我的貓救了我兒子」（My Cat Saved My Son）。

8.03 貓對我們的身體健康有害嗎？

讓我們談談人畜共通傳染病（zoonoses），這與鼻子（noses）無關，它們是可以從動物傳播給人類的傳染病。狂犬病（rabies）、伊波拉病毒（ebola）、SARS 和冠狀病毒（coronavirus）都是人畜共患的疾病，弓蟲症（toxoplasmosis）也是，它是由原蟲類寄生蟲引起的，這種寄生蟲在 30% ～ 40% 的家貓身上都有，人類接觸貓科動物的糞便就有可能感染。

弓蟲症最詭異之處在於它會使包括人類在內的動物變得更膽大妄為，日內瓦大學（University of Geneva）的研究團隊人員發現，當囓齒動物受到**弓蟲**（*Toxoplasma gondii*）感染，牠們會變得更加肆無忌憚：對貓的恐懼大大減少，總體上不那麼畏首縮尾（對愛捕獵鼠類的貓有利，對愛好生命的老鼠不利），它甚至讓老鼠受到貓尿的氣味吸引。演化生物學家雅羅斯拉夫·弗萊格（Jaroslav Flegr）進一步花了多年時間研究弓蟲病對人類行為的影響，他發現受感染的男性更有可能對規則視若無物、極度多疑善妒，而且反應明顯變遲緩。**當他研究在捷克（Czech Republic）道路上受傷的司機和行人時，發現這些人感染弓蟲的機率是一般人的兩倍高。**

患有弓蟲症不會讓你與眾不同——全世界大約一半的人可能已經被感染，但絕大多數人沒有出現這種疾病的症狀。然而，被感染的人數這麼多，意味著少數出現類似流感症狀、癲癇和眼部問題的感染者，加總起來就不容小覷。這種疾病對免疫系統受

損的人來說尤其危險，孕婦若罹患急性弓蟲病，嬰兒也可能受感染。對愛貓人士來說，好消息是，被貓傳染的機率很低，吃下含有弓蟲囊腫（cyst，休眠的微生物）的未煮熟肉類還比較有可能。儘管如此，孕婦應避免接觸貓砂，以防感染。

奇怪的是，由弓蟲產生的囊腫在受感染老鼠大腦裡負責處理視覺訊息的區域中，濃度特別高，並導致整個大腦的神經組織發炎。這種神經發炎症狀如何改變各種行為特徵，還有待更多規劃中的研究計畫來檢查，但弓蟲似乎有可能和貓交互影響而朝著對貓有利的方向演化發展：貓糞中的寄生蟲感染老鼠且影響牠們的視力，使牠們更容易被貓捕捉，這招真天才。

最重要的是，有研究指出貓會引發兒童溼疹，當然還有，貓會咬人，光是在美國，每年就有約四十萬人受害。很多時候這些咬傷會使人感染**多殺性巴氏桿菌**（*Pasteurella multocida*），這種細菌感染會在被咬後約十二小時出現。養貓與抑鬱症之間也有所關聯：密西根大學醫學院（University of Michigan Medical School）的大衛・漢諾（David A Hanauer）發現，被貓咬傷的患者中有高達 41% 的人患有抑鬱症，而抑鬱症患者在接受研究的所有人員中僅占 9%。還有名字取得很有創意、由**韓瑟勒巴通氏菌**（*Bartonella henselae*）引起的貓抓病（cat scratch disease, CSD）和由**巴西鉤蟲**（*Ancylostoma braziliense*，就是貓鉤蟲）引起的匐行疹〔creeping eruption，又名皮膚寄生蟲幼蟲移行症（cutaneous larva migrans）〕。再說一次，離貓大便遠一點才是明智之舉。

8.04 養一隻貓得花多少錢？

根據巴特西貓狗救助之家的估計，**在英國飼養一隻貓普遍來說每年大約要花一千英鎊（約新臺幣三萬七千元）——或者說十八年的貓齡期間（這樣估算貓的平均壽命算是非常樂觀）要花掉一萬八千英鎊（約新臺幣六十八萬元）**。美國虐待動物防治協會（American Society for the Prevention of Cruelty）估計飼養成本僅有六百三十四美元（約新臺幣一萬八千元，十八年總計約為新臺幣三十二萬六千元），但這兩個數字都不包括買貓的支出。這可是一筆鉅款，但即便如此，貓還是比狗便宜。在英國養狗每年要花費四百四十五至一千六百二十英鎊（約新臺幣一萬六千五百元～六萬元），在美國則花費六百五十至二千一百一十五美元（約新臺幣一萬八千元～六萬元）——若參照「愛狗人協會」（The Dog People）的資料，狗的平均壽命為十三年，總花費就是五千七百八十五到二萬一千零六十英鎊（約新臺幣二十一萬五千元～七十八萬四千元），或者八千四百五十到二萬七千四百九十五美元（約新臺幣二十四萬～七十八萬五千元，同樣，這還沒將買狗所花的錢算進來）。

當然，實際養一隻貓的成本取決於你想花多少錢。一隻純種貓的售價高達一千英鎊，而且寵物保險費和美容費用比較高，而像我這樣從收容所領養貓大約花費七十英鎊（約新臺幣二千六百元）的捐款。食物成本可能是最大筆的支出，在英國每年從一百六十到二千英鎊（約新臺幣六千元～七萬五千元）不等，具體數字取決於你買的品牌和你家貓主子的需求（有特定營養需求的貓所吃的食物可能更貴）。另一個重要的支出在於寵物托育——當你出遠門不在家時，誰來伺候絨絨先生？在英國，如果聘請專

業的寵物保姆或讓貓寄宿貓舍，很容易每年就多燒掉你一千英鎊——不過你可能走好運，有個交情好的鄰居或親戚會願意幫你一把。

　　其他費用包括定期上獸醫那兒進行身體檢查與接種疫苗，以及該做的預備工作，如植入晶片和安裝貓進出的寵物門，還有許多哩哩摳摳的瑣碎玩意兒：碗、貓砂和貓砂盆、玩具和帶牠去看獸醫的乘載器具。你還**必須**為你的貓投保，我沒有注意到我心愛的湯姆‧蓋茨的保險已過期失效，結果牠在世最後一年的醫療保健支出花了三千英鎊（約新臺幣十一萬元）。貓的保險費在英國每年在三十五到三百英鎊（約新臺幣一千三百～一萬一千元），在美國則是三百到九百美元（約新臺幣八千五百～二萬五千元），具體金額取決於保單和你住的地方（大城市更貴），但老貓的保費可能飆更高，許多公司根本不接受八歲或十歲以上的貓投保。

貓界奇葩錄

托馬索（Tommaso）

這隻黑貓從他的主人、義大利房地產大亨瑪麗亞‧阿桑塔（Maria Assunta）那裡繼承了一千三百萬美元（約新臺幣三億七千萬元），阿桑塔在沒有近親的情況下去世，享年九十四歲。阿桑塔明確表示，這筆財產若無法由闖入她家的流浪貓托馬索繼承，就要留給一家能照顧牠的動物福利慈善機構，但由於她無法找到令她滿意的機構，所以阿桑塔去世後，這筆錢由她的照護者代為保管。

8.05 你的貓老是帶動物屍體給你當禮物，究竟啥意思？

大多數家貓都被餵得飽飽的，這些食物營養豐富又美味，包裝上有你見過最可愛的小貓照。那麼，為什麼你家可愛的小貓還會在樓梯頂部留下肚破腸流的囓齒動物給你當禮物呢？

以前的標準回答是：

一、你的貓認為你是隻大而無用的懶惰巨嬰，打獵技巧完全不行，牠同情你需要被餵養。

二、你的貓正試圖教你打獵。

三、你的貓希望你為牠的狩獵能力感到驕傲到不行。

四、這是一份禮物──要知恩圖報啊，還不快謝主隆恩。

最可能正確的答案是，你的貓生來就是掠食者，無論你是否餵過牠獸醫掛保證的名貴滷鴨料理，牠都會忍不住出草狩獵，大開殺戒。雖說母貓確實經常帶死老鼠給小貓當食物，但沒有證據能證明你的貓將你視為牠的小貓。**貓將獵物帶回家，可能只是狩獵本能衝動下順勢而為，但當牠打獵回來後，這一切在演化求生上就顯得毫無必要了，牠還懶得吃獵物。**當其他事物使牠分心，牠就會將它隨便亂丟──可能就是因為你在場使牠分心。看起來好像貓帶了禮物給我們，但那是因為我們非常渴望找到任何事物證明貓愛我們，因而會對痛苦的真相視而不見。

8.06 可不可以牽著繩子帶貓外出？

如果你喜歡帶貓出去散步，有各種牽引繩和寵物胸背帶可以利用，儘管一些動物訓練師鼓勵人們這樣做，但英國皇家動物受虐防治協會（UK's Royal Society for the Prevention of Cruelty to Animals, RSPCA）認為這是個非常糟糕的主意。該協會認為，貓的領地意識很強，陌生且不斷變化的環境會帶給牠們壓力。然而，他們倒是沒有呼籲要禁止所有的遛貓繩。「我們只是希望貓主人能考慮到，每隻貓都是獨立的個體。」RSPCA 的作伴動物部門負責人莎曼莎·蓋恩斯（Samantha Gaines）博士這麼說：「對於某些人來說，牽著繩子帶貓上街可能沒問題，但我們還是得要小心，不要把貓當成狗。」

貓極度重視自由和自己掌控一切的感覺——從你為牠們繫上牽繩的那一刻起，就會從牠們身上奪走這些東西。蓋恩斯說：「一步步逐漸提供牠有很多機會活碰亂跳又能感覺新鮮刺激的室內環境，可能比牽著貓出去散步對牠更有益。」

好一夥小貓

和貓搭配使用的集體單位詞有很多，像是「團」（clowder）、「鬧哄哄」（clutter）和「閃亮亮」（glaring），一群小貓被稱為一窩或一「夥」（kindle）。

8.07 為什麼有人會對貓過敏？

目前一般認為世界上有 10 ～ 20% 的人對寵物過敏，挺出人意料之外，**而對貓過敏者的人數是對狗過敏的兩倍**。過敏是免疫系統對通常無害的物質出現超敏感反應，最常見的反應是眼睛發癢、咳嗽、打噴嚏、鼻塞和起疹子。然而，有些人可能會患上過敏性哮喘或鼻炎，其中最糟糕的情況可能會致命。

　　過敏者通常認為是貓毛在作怪，但我們幾乎可以肯定罪魁禍首是貓身上八種蛋白質的其中一個，可在貓的唾液、肛門腺排泄物、尿液中發現它們，尤其是毛囊中的油性皮脂，會藉著微小的皮屑碎片（貓的頭皮屑）傳播。

　　根據目前的研究，最麻煩的過敏原是一種叫做 Fel d 1 的活躍蛋白質（其他的名為 Fel d 2 到 Fel d 8），它存在於貓的唾液和皮屑中，96% 的貓過敏都是因為它的緣故。如果你會過敏，接觸 Fel d 1 會導致你血液中的漿細胞（plasma cell）產生免疫球蛋白 G（Immunoglobulin G）或免疫球蛋白 B（Immunoglobulin B）等抗體，這些抗體的功用是與過敏原結合以使其中和失效（儘管過敏原在其他方面是無害的）。像組織胺（histamine）這類能導致發炎的化學物質會因此受觸發而釋放，這些化學物質應該有助於白血球和蛋白質對付可疑的病原體。然而，過敏的人結果卻是過量生產它們，導致搔癢和組織腫脹。

　　如果你對貓過敏，要解決這個問題可試試服用抗組織胺藥劑（antihistamine）、定期清洗床褥用品、吸除灰塵和幫貓洗澡（這算涉險犯難了，祝你好運）。或者，試著養一隻不太掉毛或 Fel d 1 濃度較低的低過敏原貓咪。

8.08 為何貓老是所戀非人，
黏上討厭貓的傢伙？

厭惡貓的人、貓恐懼症者（ailurophobe，總是對貓懷著過度恐懼的人）和對貓過敏的人經常說自己比貓痴、貓奴（ailurophile，極愛貓的人）更能吸引貓。德斯蒙德・莫利斯（Desmond Morris）在《貓咪學問大》（*Catwatching*）中指出，貓會被那些不試圖撫摸牠們的人所吸引，而且喜歡貓的人會更專注地盯著貓看，反而使牠們因此感到焦慮，這是一個違逆直覺的好論點。

最近，約翰・布拉德肖利用喜歡貓或被貓討厭的人來測試這理論，發現事實恰恰相反：他做測試用的八隻貓中，有七隻避開了有懼貓症的人，與此同時，那一隻與眾不同的貓則撲到懼貓症患者的腿上，發出響亮的呼嚕聲。布拉德肖懷疑，在少數情況下，當貓確實更喜歡有懼貓症的人時，這些人對此印象太深刻，以至於他們會認為這種情況一直在發生。

8.09 為什麼讓貓接受訓練這麼困難？

狗從與人類互動中受益匪淺，而貓與狗不同，貓不會特別想逗我們開心。牠們是孤獨的伏擊掠食者，聚在一起只是為了交配或哺育小貓，僅此而已。根本沒有什麼動機能促使牠們合作，因此要訓練牠們很難。坦白說，能讓牠們享受我們陪在身旁真是一個奇蹟，要不是貓天生擅長捕殺囓齒類動物，牠們根本不太可能進入人類家中。

儘管許多貓向我們流露情感，但牠們似乎不需要也不渴望我們的認同，而且食物也不是特別能引起貓的動機，這些都使牠們難以訓練。雖然是這麼說，不過要讓貓使用貓砂盆不難——非常容易，以至於牠們還經常自我訓練——要牠利用寵物門，回到你的房子裡，並在被叫喚時前來，這些都很簡單。訓練貓做其他事情也不是不可能，這就是為什麼有大量書籍都宣稱能幫助你做到這點 *。

對貓的訓練通常從食物獎勵開始，然後改使用響片（clicker）。一開始，響片與食物獎勵同時使用，經過一段時間後，貓會開始將點擊響片視為獎勵。這是一種名為「次級增強」（secondary reinforcement）的古典制約技巧，只要你規律定時地在僅有響片的課程之間穿插響片與食物並用的時段來維持貓的動機，這種訓練就能好好發揮作用。

那麼，你可以訓練你的貓做些什麼？能訓練牠做的常見招式包括坐下、跳過障礙物、伸出腳爪握握手、舉腳擊掌、套上牽繩

去散步和穿過圓箍跳到目標處。這下子真的讓人忍不住要問：為什麼我家的就是做不到？**

一分鐘內完成最多指令的貓

二〇一六年二月在澳洲的堤維德岬（Tweed Heads），一隻名叫迪加（Didga）的貓與主人羅伯特・道韋特（Robert Dollwet）一起在一分鐘內表演了二十四種指令動作。根據金氏世界紀錄，這些動作包括跳躍、擊掌和溜滑板。

---

* 約翰・布拉德肖和莎拉・艾利斯（Sarah Ellis）出版了一本名為《可塑之貓》（*The Trainable Cat*）的優秀著作，但這本書側重於訓練你的貓在陌生人出現、客人來訪或去看獸醫時減少焦慮和壓力，不那麼躁動反抗，而不是要牠跳火圈。

** 如果你已經訓練過你的貓做這其中任何一招，你就懂我的感受，我只是太嫉妒了。我已經很努力試過了，真他媽的難啊！

8.10 老是把貓關在家裡，這樣對嗎？

這是一個極具爭議的問題：你應該把貓鎖在家裡面，還是讓牠隨意進出，自在漫遊？守家派的人總是感到納悶，放任貓外出的人竟然會想讓自己養得漂漂亮亮的喵喵出去賣命求生，在外面對呼嘯車流、凶惡大狗，對抗相隔五戶那一家、綽號「殺手」的虎斑橘貓瓊斯。的確，貓在戶外被認為會殺死許多野生動物，且壽命較短（因為在戶外面臨較大的風險），但外放派認為至少他們的貓活出自己的模樣，做自然而然的事，在戶外閒逛享受新鮮空氣。

事實是，將貓關在家裡完全是有可能辦到的。**貓是獨來獨往的，生來就不是為了和其他貓一起出去玩，所以比起聯絡情誼，在當地花園裡來來往往的貓反而更可能引起家貓焦慮。**但貓確實有狩獵和攀爬的本能，以及一副與這種活動相稱的好食欲，因此留在室內的貓有一些特定需求。

所需的設備器具很容易理解：寵物便盆、貓抓板（至少一個）、碗和可以躲藏與閒逛的地方，最好讓其中一些位於高處，讓貓必須探索和玩耍才能取得食物的益智餵食裝置也很有用。然而，更重要的是主人的陪伴和關注。缺乏活動會導致無聊、壓力和肥胖，主人是吸引室內貓注意力的主要因素。牠們需要大量的遊戲刺激，需要梳毛、撫摸和抓撓三合一，還要追逐和捕捉玩具──球、羽毛、紙箱和類似老鼠的東西。還有你，再多的你，牠也不厭煩。

8.11 為什麼貓會揉按軟軟的東西，像是你的大腿？

大多數的貓會撫摩或揉捏任何柔軟的東西，通常是半閉著眼睛，顯然處於一種舒爽的狀態。牠們每隔一到兩秒腳爪交替向下壓，通常直接按壓在主人身上。當這樣做時，貓還會伸展腳趾並伸出爪子，可能會被自己正在按的任何材料卡住。雖然貓似乎很喜歡這樣，但如果發生在你的腿上會特別痛，於是典型的貓奴困境就來了：要努力維持貓和人之間脆弱的聯繫，還是果斷地把那些愈陷愈深的爪子，從你痛得要命的褲襪挖出來？

　　這種揉捏行為在小貓身上最常見，但許多貓在成年後還是繼續揉揉按按，通常是在感到滿足且安心時。往往伴隨著清晰的呼嚕聲，有時這種快樂還會另外表現為不自覺流口水（當我撫摸我的貓時，牠會流很多口水，或許是因為我撩貓、撫毛的功夫一流）。

　　生物學家認為**這種揉按行為可能是貓從幼年時延續下來的習慣**，當時牠們會揉捏母親的乳頭以刺激泌乳。由於喝奶進食能帶給牠們愉悅感，這種行為就與正面的感受體驗連結起來。貓現在可能已將這種小貓與母親之間的交流行為錯置或借用來向主人表達類似的感情，這就是為什麼你的貓揉你的腿。我的貓無法自拔地流口水也可能也與此有關，因為幻想著牠母親泌出乳汁而啟動。另一方面，揉捏一陣子後通常會睡覺，這又支持了一個完全不同的理論，就是演化返祖現象，野貓習慣壓樹葉，好為自己搭蓋臨時巢穴。

8.12 養貓對氣候變遷的影響

養貓固然好，但牠們產生的糞便和所吃的食物確實替環境帶來負擔，這些食糧要耗費能源來生產、收穫和運輸。在《該開始吃狗了嗎？》（*Time to Eat the Dog?*）中，作者羅伯特・瓦勒和布蘭達・瓦勒（Robert and Brenda Vale）估計，一隻貓的生態足跡相當於一部福斯旅行車（Volkswagen Golf）一年行駛一萬公里（六千二百英里）對生態造成的影響，而一隻貓每年的生態足跡約為○・一五公頃（○・三七英畝），而狗的則是○・八四公頃（二・○八英畝）。

加州大學洛杉磯分校（UCLA）於二○一七年的一項研究得出這樣的結論，在美國，貓、狗膳食所消耗能量約為人類膳食耗用能量的 19%——相當於多出六千二百萬人造成的負擔。貓與狗還會產生大量糞便——相當於人類糞便量的 30%。**若論所有動物製造的環境衝擊，用於供應貓狗生活所需的土地、水、化石燃料、磷酸鹽（phosphate）和殺菌劑大約占了 25 ～ 30%**。撰文作者承認寵物食品總是由人類通常不吃的肉類副產品製成，但又反駁說，如果狗可以吃這些，人類吃也應該沒問題。當然大家都知道，目前沒有多少人習慣常吃牲畜的肚、胃、肺部和其他內臟，因此若要這樣做，需要大大扭轉文化習性；還好這些東西可能不難吃（來一點骨髓，我還挺喜歡的）。

這項研究也認為：「人們喜歡他們的寵物，牠們實際上和情感上都為人們帶來了許多好處……」然而，我們應該意識到自

家寵物代表了對生態的一大負擔，當我們試圖減輕自己造成的衝擊時，也不該忽略這一點。由此展開道德和生態對比衡量的角力場，我們必須在無法量化的情緒效應（我**非常**愛我的貓）和可量化的氣候影響（餵飽我的貓又讓我必需的飲食耗能多增加19%）之間取得平衡，這可能會讓我們陷入艱難困境。畢竟，要減少自己排放的二氧化碳當量，最有效方法之一是減少你的孩子數量：少一個孩子每年可以節省五十八‧六公噸（六十四‧六短噸）二氧化碳當量〔改為植物性飲食每年僅節省〇‧八公噸（〇‧九短噸）二氧化碳當量〕。當然，我們都愛自己的孩子，房裡增加積累的所有情感是否大於所帶來的缺點，要將這些都量化討論既不可能辦到，想想又令人覺得可怕。取得平衡是必須的，討論也免不了，但從減少家庭寵物跳到一胎化政策會不會太急、太劇烈呢？

8.13 貓咪是無情的鳥類殺手？

貓會獵殺野生動物，包括鳥類，不過貓是否比喜鵲、老鼠、狐狸或郊狼等其他食肉動物造成更多負面影響（或者老實講，是否讓捕鼠的貓從世上消失會比較好）仍引人熱議而無定論。

哺乳動物協會（The Mammal Society）於一九九七年在媒體引發軒然大波，當時他們估計英國每年有二億七千五百萬隻動物被寵物貓殺死，這個數字是根據其青年分部填寫的表格，並從他們對六百九十六隻貓的調查中推斷出來的。關於這數據的準確性存在相當多爭議，但貓會吃其他動物是毫無疑問的。二○一三年發表在《自然》雜誌的一項研究估計，貓每年在美國殺死十三到四十億隻鳥類和六十三到二百二十三億隻哺乳動物。

那麼，貓對鳥類有害嗎？嗯，事情沒那麼簡單。**英國皇家鳥類保護協會（The Royal Society for the Protection of Birds, RSPB）表示，貓每年在英國捕捉約二千七百萬隻鳥，但「沒有明確的科學證據表明這樣的死亡率會導致鳥類數量下降」**。有證據顯示，貓大多捕食虛弱或生病的鳥類，協會指出，「被貓殺死的多數鳥類很可能原本就活不到下一個繁殖季節，因此貓不太可能會是影響整體鳥類數量的主因」。

物種群體減損最嚴重的情況會發生在從未有過類似貓的掠食者出現過的島嶼上，在那裡，貓能夠摧毀當地的野生動物，這些野生動物根本沒有發展出保護自己的方法。一些最排斥貓的反對聲浪來自澳洲和紐西蘭，那裡的小型有袋動物和不會飛的鳥類

已經滅絕（雖然目前還不清楚是否能完全歸咎於貓的捕獵），而且一些地方政府對貓有嚴格的法規限制 —— 從貓不得離家外出到新郊區居民不得養貓等規定。但沒有明確的證據顯示這些限制中有哪一項對野生動物有益，有時得到的資料指出這些做法適得其反，可能是因為貓也捕食老鼠，而老鼠又捕食鳥類。

當然，家貓不是唯一會對鳥類或鳥蛋下殺手的傢伙 —— 野貓、狐狸、喜鵲、老鼠、猛禽都會，還有饑餓和單純不夠強壯也可能是絕大多數野生動物的死因。雖然野貓數量不減的原因在於那些飼養家貓（然後讓牠們走丟）的人，但野貓對野生動物的影響不是很明確。同時，約翰·布拉德肖在《貓想啥》中指出「英國每隻貓至少能分到十隻褐鼠吃」。老鼠對鳥類和小型哺乳動物群的殺傷力是眾所周知的，因此反貓遊說團體行動前應該三思。

第九章
貓狗對決

9.01 不同物種之間要分出高下優劣，有可能嗎？

　　頭栽進戰貓狗的世紀大辯論前，我們先停下來以哲學思考的方式看看生物，別擔心，不是什麼燒腦、傷感情的話題。

　　因為拇指與其他四指對生，擁有抽象思維能力和美妙的音樂品味，人類老愛自認為優於地球上的所有其他物種。猿猴和海豚或許沒有落後太多，但蚯蚓和浮游生物呢？呸！看看我們取得的成就：我們對地球的影響如此之大，以至於全新世（Holocene，自前一個人類文明發展的冰河時代以後一萬二千年）現在被認為已經結束，取而代之的是人類世（Anthropocene），一個由人類獨霸地球、由人類定義的時代。再看看人類創造叉勺、自拍棒和小賈斯汀（Justin Bieber）等，說那些物種沒我們這麼完美不為過吧。好啊！由你們去吧，人類！但別忘了，標示出人類世的正是種種災難事件，從一九五〇年代的放射性汙染開始，接著是二氧化碳排放劇增、大規模森林砍伐、生態環境退化、戰爭衝突、不平等加劇和全球物種大滅絕。

　　另一方面，蚯蚓的祖先在經歷五次大滅絕後倖存下來，存在了六億年，而人類才出現二十萬年。達爾文認為蚯蚓在世界歷史上扮演了最重要的角色之一，牠們耕耘土壤並施肥，使我們能夠種植糧食作物。那麼浮游生物呢？好吧，看看這些數字：與浮游生物 SAR11 群的數量（2.4×10^{28}）相比，七十八億個人類根本微不足道。算算這 24,000,000,000,000,000,000,000,000,000 隻浮

游生物吧，井底之蛙。

　　所以，狗是否比貓好，問這種問題常被認為是傻瓜猜謎，有點像在問「究竟是樹還是鯨魚比較好？」樹能好好地做為一棵樹，而鯨魚就擅長當鯨魚。蚯蚓不比人類更好或更差 —— 身為一種透過皮膚呼吸並生活在地底下、雌雄同體的無脊椎陸生動物，牠做得非常好。即便如此，沒有任何物種可被視為已達到演化的最終完美型態，物種總是因應其生存環境而處於某種調適的形式中。狗和貓的馴化特別有趣：從演化的角度來看，牠們都是打獵的野生掠食者，相當晚近才搬進人類的屋子裡，因此可能才剛在適應階段的開頭。如果五十萬年後再來瞧瞧，牠們可能會是非常不同的生物了。而照人類世的發展方式看來，貓、狗們心愛的人類到時候可能根本不存在了。

9.02 貓狗東西軍：社會與醫學領域

前幾頁這麼大費周章解釋了為什麼將狗與貓進行比較有違生物哲學原則。但就是要這樣才好玩嘛！來吧，開始貓狗大戰吧！

人氣

在英國，狗比貓更受歡迎＊（儘管各種統計數據確實可以天差地遠）。23% 的家庭至少擁有一隻狗，16% 的家庭擁有至少一隻貓。

勝者：狗

愛

這兩個物種的主人都熱愛自己的寵物，但哪一種動物比較愛我們呢？神經科學家保羅・查克博士分析狗和貓的唾液樣本，找出哪一種動物在與主人玩耍後唾液含有較多的催產素（與愛和依戀感相關的荷爾蒙）（見第 71 頁）。貓的催產素濃度平均增加 12%，但狗的催產素濃度有 57.2% 的巨量提升。這是六倍的增長量。查克博士還對貓派補了一刀，他指出：「發現貓會產生『催產素』真令人意外。」

勝者：狗

＊　資料來源為寵物飼料製造商協會（Pet Food Manufacturers' Association）的二〇二〇年寵物數量報告。

智力

狗的大腦平均重量為六十二公克（二盎司），比貓的二十五公克（〇‧九盎司）重。但牠們不見得因此較聰明——抹香鯨的大腦是人類的六倍大，但仍然被認為智商不怎麼高，因為在哺乳動物中，我們的大腦皮層（cerebral cortex，掌管資訊處理、知覺、感官、溝通交流、思想、語言和記憶的區域）在大腦中所占比例最大。智力的另一個衡量標準是動物大腦皮層中的神經元數量。神經元是有趣的玩意兒，因為它們的代謝成本很高（需耗用大量能量來保持運作），所以我們擁有的神經元愈多，需要消耗的食物愈多，必須進行更多的代謝機制才能將其轉化為可用燃料。正因為如此，每個物種擁有的神經元數量僅止於絕對必要的程度，發表在《神經解剖學最前線》（*Frontiers in Neuroanatomy*）上的一篇論文指出，**狗大腦皮層中的神經元比貓多——約是五億二千八百萬比二億五千萬**。不過，人類以一百六十億完勝。開發這種測量方法的研究人員說：「我相信動物擁有的神經元絕對數量，尤其是大腦皮層中的神經元數量，決定其內在精神狀態的豐富程度……就生物體的能力而言，狗以其生命活動能辦到的事情比貓能做的更複雜、更彈性多元。」

大腦該是什麼樣子，實際上取決於對某種動物最重要的是什麼——狗是群居動物，所以需要更多溝通能力，這種功能集中在額葉（frontal lobe）和顳葉（temporal lobe），而貓是孤獨的獵手，可能需要更多運動功能技術，好控制像是攀爬這樣的逃逸能力（escape abilities），這種能力以額葉的運動皮層（motor cortex）為中心。

勝者：狗

容易飼養

貓的購買、飼育、餵養和照顧成本比較低。貓獨立自主，不需要外出遛牠，且能獨處的時間比狗更長。牠們很樂意在外面大便和小便，通常還不是在你的花園裡（對你是優點，對你的鄰居可不是）。那麼狗呢？狗養起來就麻煩了。

勝者：貓

社交互動

貓獨來獨往且地域性強，但與人類接觸能獲得實質好處。狗與狗之間善於交際，不過牠們更喜歡人類陪伴。狗會對人類的許多命令和請求做出回應，且享受身體接觸——這一點就像貓一樣，獲得了實質好處。

勝者：狗

環保

貓每年殺死數百萬隻鳥類（儘管其確切數量和造成的影響仍大有爭議），狗和貓都可能減少生物多樣性。另一方面，狗的生態足跡（ecological footprint）更廣：養一隻中型犬每年需要〇‧八四公頃（二‧〇八英畝）的土地，而一隻貓則需要〇‧一五公頃（〇‧三七英畝）的土地。

勝者：貓（險勝）

健康效益

無論養狗或養貓，主人都能從與寵物的互動中獲得有益的荷爾

蒙（有助於緩解壓力），而且體內免疫球蛋白（immunoglobulin）數值比不養寵物者更好，可能提供更高的保護力，防止腸胃道、呼吸道和泌尿道感染。然而，把飼養寵物有益健康說得更美好堂皇的論點，最近都受到不少研究質疑。養狗的人往往比養貓和不養寵物的人更常鍛鍊身體，這或許降低了心血管疾病風險，並提高心臟病發作後的存活率。但是在英國，每年有二十五萬人在被狗咬傷後，必須前往輕傷和急救部門就診，且有二到三人因犬隻攻擊而死亡，根據世界衛生組織的資料，患有狂犬病的狗每年導致全球約五萬九千人死亡，這些事實都與上述所謂有益健康的說法矛盾。

勝者：貓

可受訓練程度

一般來說，狗受過訓練能記住一百六十五個字詞和動作，會接球、坐下、伸出腳爪、跳躍、跟緊主人、躺在自己的床上、翻身、耐心等待，還有——雖然有點勉強——別再猥褻地亂頂隔壁阿姨的腿。至於貓嘛，哈哈哈哈哈哈。

勝者：狗

實用性

對少數擁有糧倉／農場或苦於住處鼠患的人來說，捕鼠能夠帶來很大的幫助。對於我們其他人來說，這有點令人困擾。另一方面，獵捕鳥類就完全說不過去了。貓能為我們做的大概就這些了——此外，牠們願意紆尊降貴地吸引我們的注意時，能為我們

帶來毋庸置疑的樂趣。相較之下，狗幫得上忙的工作有狩獵、嗅出違禁品和爆裂物、在野外追蹤、診斷疾病、搜救迷路或受困人員、引導視障者、放羊、看守家屋……我就不再說下去了——你懂我的意思吧。

勝者：狗

9.03 貓狗東西軍：體能正面交鋒

速度

　　獵豹是陸地上跑得最快的動物，能夠以一百一十七・五公里／小時（七十三英里／小時）的速度奔跑，但還好你的貓不是獵豹。如果貓受到驚擾，很可能有辦法在短時間內以三十二到四十八公里／小時（二十到三十英里／小時）的速度衝刺。這與格雷伊獵犬（Greyhound）的最高時速七十二公里（四十五英里）相比顯得小巫見大巫，但與時速三十公里（十九英里）的笨重黃金獵犬（Golden Retriever）相比卻相當不錯。

勝者：狗

耐力

　　狗在這一項贏得毫無懸念，貓是伏擊捕食者，能夠耐心跟蹤獵物數小時後突襲飛撲。狗不是為短跑衝刺而生的，天生適合長距離的有氧耐力追逐奔跑（我碰巧也是這樣）。人類早就看中這種長途跋涉穿越冰雪的能力，雪橇犬表現出的耐力是很驚人的——艾迪塔羅德狗拉雪橇比賽（Iditarod Trail Sled Dog Race）中的參賽犬隻會歷經八到十五天的旅程，在人口稀少的阿拉斯加跨越一千五百一十公里（九百四十英里）。

勝者：狗

狩獵技術

　　儘管受定期餵食，但幾乎所有家貓都還是保留狩獵的衝動和技能，牠們經常將殘缺狀態不一的老鼠和鳥類帶回家。相反的，

多數狗雖然都有追逐的本能，但若談到牠們絕大多數的狩獵能力，用可笑來形容已經算給面子了──除非是專門為這項任務培育的狗。我的狗會以最快的速度追著我的貓穿過花園，不過一旦把貓逼到角落，牠就覺得沒啥好玩了，牠希望貓再跑起來。而對貓來說，牠只希望狗快點下地獄去。

勝者：貓

腳趾數目

什麼，你說我硬找話題湊字數？腳趾頭很重要好嗎，多趾症（polydactylism）比較常發生在貓身上，狗就很少見。

勝者：貓

演化優勢

二〇一五年發表在《美國國家科學院院刊》上的一項研究表示，從前貓科動物的成員比犬科動物更擅長求生存活。狗大約在四千萬年前起源於北美洲，到了二千萬年前，這片大陸上的犬科動物有三十多種。本來可以更多，要不是因為有貓的話。研究人員發現，全世界有**四十種犬科物種的滅絕和貓脫不了關係，因為貓科動物和牠們競爭食物且占得上風**，而沒有證據表明犬科動物消滅任何一種貓。不同的狩獵方式可能是導致狗在生存競爭中落敗的原因，還有，貓的爪子是可伸縮的，因此始終保持鋒利。相較之下，狗的爪子不會縮回藏起，通常磨得比較鈍。不管是什麼原因，這份研究報告指出，「貓科動物狩獵捕食的效率一定比較高」，這意味著在某種程度上，牠們顯然**更強**。

勝者：貓

9.04 為什麼貓討厭狗？

貓和狗都是相當晚才被馴化的肉食性狩獵掠食者，新鮮的大肉塊對牠們有莫大的吸引力，貓與狗大多保留狩獵和殺戮的衝動。在貓來參一腳之前，狗已經與人類一起生活很多年，然後突然間，在距今一萬年前，牠們被迫與這些暴躁易怒的小野獸分享家園，分享自己原有的那份食物和疼愛。再加上大多數的狗體型都比貓大，你肯定想得到：饑餓、貪吃的大狗對著鬆脆好嚼的小貓垂涎欲滴。

但當然原因沒那麼簡單，許多家庭，包括我家，都同時養了一隻貓和一隻狗，而真實情況根本不是那樣。我的貓顯然討厭這隻狗，但就狗而言，牠愛死貓了，很想吸引貓的關注，希望貓和牠一起玩耍。而貓呢，要牠和愚蠢的劣等獵犬玩在一起，還不如拿針插牠的眼睛，而且貓似乎對這段關係掌握著主導權。雖然狗偶爾會追貓，但更多時候是反過來的，卑微的狗狗這一方還會被貓爪重擊、戳刺幾次，好確認牠是臣服、順從的。這似乎很常見：發表在《家畜行為雜誌》（*Journal of Veterinary Behavior*）的一項研究發現，**57% 的貓對自己家中的狗有攻擊性（但只有 10% 曾經傷害過狗），只有 18% 的狗威脅過貓（僅 1% 曾經傷害過貓）。**

我無法想像那隻情感氾濫的狗會傷害我家那隻凶惡的貓，但牠的體型約是貓的八倍，所以家中養著兩個不同物種的主人可不能完全疏忽放鬆。一隻年紀大一點的狗若與貓沒什麼交流往來，

但體內那掠食者的血緣又未曾斷絕，牠便有可能會覺得年幼小貓美味柔嫩，因此小心引導這兩種動物進行社交聯誼是非常重要的，可避免把對方當點心這種不合時宜的行為。促進貓狗互動與彼此信任的關鍵是在小貓出生後前四到八週和小狗出生後五到十二週內，確保牠們在安全且受控制的情況下，與另一物種和人類好好花時間練習相處。

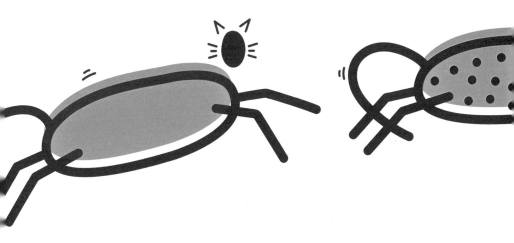

9.05 貓派 vs. 狗派

標題可改成「如何用三百字惹火世界上很大一部分的人」，你瞧，我知道人的性格可以天差地別，所以我不是在說像我這樣的狗主人肯定是好鬥、霸道、妄想的自大狂 —— 我只是說我們非常可能是。等等 —— 這樣說也不對。你聽聽啊，我這個人愛狗、愛貓、愛沙鼠也愛人類，所以我沒什麼偏見 —— 只是二〇一〇年，德州大學（University of Texas）對於自認是愛狗和愛貓的人進行研究，結果發現，**與愛狗人士相比，愛貓的人往往較不願與人合作，不太認真盡責，較沒同情心，也比較內向，更容易有焦慮和抑鬱症狀**。但是，雖然貓派教徒較神經質，但他們也比狗派人士心思更開放、更有藝術品味和求知欲。二〇一五年，澳洲研究人員發現，在與競爭力和社會支配力相關的特徵上，養狗的人得分高於養貓的人，這與他們的預測相符（因為狗較容易受控制，研究者認為狗主人往往享有較高的主導地位）。但他們也發現，養貓的人在自戀心理和主導人際關係方面的得分與養狗的人一樣高。

二〇一六年，Facebook 發布對自家數據的研究結果（因此，請記住這是針對 Facebook 用戶做的研究，儘管這間公司確實有辦法探知人們許多事情，令人毛骨悚然）並發現：

- 論單身的比例，愛貓的人（30%）比愛狗的人（24%）高。

- 愛狗人士的朋友比較多（嗯，是指 Facebook 上的朋友吧）。
- 愛貓人士較容易獲得活動邀請。

Facebook 還發現，愛貓的人提到的書中，文學類比較多〔例如《德古拉》（*Dracula*）、《守護者》（*Watchmen*）、《愛麗絲夢遊仙境》（*Alice in Wonderland*）〕，愛狗的人對狗較痴迷，且有較多宗教性讀物〔《馬利與我》（*Marley and Me*）、《洛基教我的事》（*Lessons from Rocky*）── 這兩本都是關於狗的 ── 還有《標竿人生》（*The Purpose Driven Life*）和《小屋》（*The Shack*）── 都是談論上帝的書〕。愛狗的人喜歡看些談愛和性、多愁善感的電影〔《手札情緣》（*The Notebook*）、《最後一封情書》（*Dear John*）、《格雷的五十道陰影》（*Fifty Shades of Grey*）〕，而愛貓人喜歡的電影主題是死亡、絕望和毒品 ── 附帶一點愛和性〔《魔鬼終結者2》（*Terminator 2*）、《歪小子史考特》（*Scott Pilgrim vs the World*）、《猜火車》（*Trainspotting*）〕。

但當研究內容和情緒有關時，Facebook 的數據變得非常耐人尋味（且令人發毛地深入隱私）。這似乎真的反映了人對自家寵物的刻板印象，研究發現**愛貓的人比愛狗的人更可能在自己的 Facebook 貼文上表達疲倦、有趣和煩惱，而愛狗的人較容易表達興奮、自豪和「幸福」。**

第十章
貓的飲食

10.01 貓糧裡有些什麼？

二〇二〇年，全球寵物飼料交易營業額為五百四十八億英鎊（約新臺幣二兆元），而僅英國市場就有二十九億英鎊（約新臺幣一千一百億元）。**寵物食品於一八六〇年代首次上市販售，由美國企業家詹姆斯‧史普拉特（James Spratt）在英國推出**，據說他剛開始是前往倫敦做避雷裝置的生意，但當時他拿到一些已經不能吃的水手乾糧（ship's biscuit）餵自己的狗，就因此改變主意，至少故事是這麼傳下來的。他發現這是市場上前所未有的產品，靈機一動想出了他的「肉纖維狗餅乾」（Meat Fibrine Dog Cake），還滿好吃的。他的產品空前暢銷，首先是在英國大賣，後來到了美國，查爾斯‧克魯夫特（Charles Cruft）是他早期在英國的員工一，最終離職去舉辦了克魯夫茨犬展（Crufts dog show）。

儘管有不少恐怖傳言，但寵物飼料公司可不是淨往貓糧中亂添東西。這門產業受到高度規範，有些標準高得驚人：做為原料的生物必須經過獸醫檢查，以確保牠們在屠宰時適合人類食用。禁止使用寵物、路殺動物屍體、野生動物、實驗室動物和帶有毛皮的動物，體弱或患病動物的肉也不得使用。貓糧通常混合了牛、雞、羊和魚肉，原料來自製作人類所吃食品時所汰除的下腳料、餘留物和副產品。其中常含有如肝臟、腎臟、乳房、肚腹、蹄子和肺部等部位，這些聽起來可能不是會令人胃口大開的東西，但貓很喜歡。還有一點很重要，這也意味著被屠宰的動物所

有可利用的部位都沒浪費。

　　雖然貓糧商品的成分主要是肉類，但也常添加營養成分如額外增加牛磺酸（一種貓無法自己製造的胺基酸），還有維生素A、D、E、K和各種礦物質。

　　溼貓糧通常是將原料煮熟做成肉捲後切成塊狀，再與果凍或肉汁混合。然後裝進罐子、碟子或小袋中，在攝氏一百一十六到一百三十度的滅菌釜（一種巨大的壓力鍋）中重新烹煮以殺死細菌，使密封包裝絕對無菌，且保存期限極長，最後等罐子冷卻就貼上標籤。

　　乾貓糧（或粗磨飼料）更有趣，與溼飼料一樣，也是從肉類和肉類餘留物的混合物開始，但通常將它們煮熟並磨成乾粉，然後再與穀物、蔬菜和營養添加劑混合。加入水和蒸氣製成又熱又厚的麵團，再將其放進擠壓機（extruder，一個超大螺旋機器，能壓縮並加熱麵團）擠出來，接著塞進一個稱為塑模（die）的小噴嘴（起司泡芙的製作方法大致也是如此），在噴出時通過旋轉刀片削切出形狀。這種加熱方式會使肉的營養成分有些許減損，因此稍後需要再添加更多營養成分。煮熟的麵團出來時，因壓力變化而膨脹成粗粒狀，這些粗顆粒經加熱乾燥後，再噴灑上調味料和營養添加劑，以補充整個過程中減損的那些養分。

　　貓糧適合人類食用嗎？好吧，根據英國法律，用於寵物食品的所有成分都必須適合人類食用 —— 而且因為它們都在滅菌釜中徹底煮熟過了，所以還包含著有害細菌的機率微乎其微。

10.02 為什麼貓對食物挑三揀四？

貓的食性是出了名地變化無常：**明明是自己已經吃了大半輩子的相同食物，貓突然拒絕再吃，這種情況所在多有。**一個可能的原因是飲食嫌惡學習（food-aversion learning）：如果有隻貓生病了，自己身體不舒服和上一餐吃的東西之間可能會在牠心裡產生負面關聯，無論疾病是否為食物所引起。這種厭惡感可能是一種有用的生存機制，而且通常也是不可逆轉的──通常主人只能選擇改變飼料的味道或品牌。另一種可能的原因是貓有一種「飲食多樣化機制」（food variety mechanism）：這種遺傳預設傾向，會使牠們偶爾改變飲食內容，以避免自己太依賴未來說不定會消失的食物來源。

更常見的情況是，貓會無緣無故決定在正常進餐時間停止進食，或者對你放在牠面前的美味佳餚嗤之以鼻。可能的原因有很多。對於貓來說，在餵食的時段，牠很可能既脆弱又焦慮，牠們在進食期間很可能會被任何不尋常或在牠掌控之外的事物打擾。像是附近的另一隻寵物、花園裡的另一隻貓或碗附近的陌生消毒水氣味，這些因素都會使貓感到焦慮，但貓主人卻可能懵然無知。

如果你為貓的飲食感到擔心，請記住牠最好調整成少量多餐（想想一隻老鼠大小），如果這樣餵牠和你平日行程作息不好搭配，那麼這隻貓可能只是挑食。牠也可能因為在外出漫遊時吃了點零食，所以自行調節攝取的蛋白質與脂肪比例（見第 96 頁）以保持體質平衡。但通常沒什麼可擔心的，除非食欲不振的情形持續兩、三天以上，此時請聯絡獸醫。

10.03 讓貓改吃素，可能嗎？

貓，像獅子和老虎一樣，是純粹的肉食動物：專門吃肉，從肉類中獲取所有的營養需求。自然界有不同程度的食肉動物，從飲食中肉類含量低於 30% 的低食肉動物到肉類含量為 30% ～ 70% 的中等食肉動物，以及肉類含量超過 70% 的高食肉動物。你大概猜得到，貓屬於最後一類。但這不是說貓不能吃植物——如果完全沒有其他可食用的東西，貓也可能會吃植物。牠們甚至可以從中獲取一些營養，但牠們無法適當地分解植物來獲得身體成長所需的所有營養素 *。與其他動物不同，貓的飲食需要大量肉類所含有的特定營養素，如牛磺酸、維生素 A 和花生油酸（arachidonic acid）。

和人類等雜食動物與像是羊這種反芻動物（ruminant）的消化道比起來，貓的消化道相對較短，原因很簡單，因為牠們不需要：肉比植物更容易分解，而複雜的消化系統代謝時極耗費能量，所以這種精瘦的獵人何必將能量浪費在牠其實不需要的系統上呢？

培養出一隻吃純素的貓並非不可能，但非常費功夫——你需要高蛋白、低纖維的植物原料、貓喜歡的調味劑，且需要補充牛磺酸、硫胺素（thiamine）、菸鹼酸（niacin）、幾種維生素 B 和

---

* 　畢竟，雖說人光吃果醬三明治還是能活很多年，但缺乏維生素和礦物質最終會導致一連串營養、發育、免疫系統和心血管方面的問題，且很有可能早逝。

許多其他微量營養素。儘管現在各式各樣的寵物飼料產品都完全符合上述要求，一般還是建議在讓貓轉換成純素飲食之前，應該先請教獸醫，許多獸醫可能不贊成，因為他們認為一直以來以肉類為基礎的飲食方式既安全又容易調控。成分以植物為主的寵物食品生產商在回應時則聲稱，那些不贊成的獸醫「死守著傳統思維食古不化」。的確，許多學術研究都指出以肉類為基礎的貓、狗飼料商品對健康造成不良影響，但沒有明確的研究證明純素或素食產品更好。

肥貓

金氏世界紀錄中有史以來最重的貓是希米（Himmy），一九八六年，牠在澳洲因呼吸衰竭去世，當時重達二十一‧三公斤（四十六磅又十五‧五盎司），希米要移動得靠著獨輪推車運送。牠過世後或許還有更肥大的貓，但金氏世界紀錄有關單位已不再繼續收錄這一項，以防人們為了打破紀錄而刻意過量餵食，養肥寵物。

10.04 貓怎麼會吃草？

清理貓的嘔吐物一點都不有趣，但最討厭的是混著草莖的嘔吐物（見第 52 頁）。那主要是充滿泡沫、刺激性強的胃液，湯湯水水的，惡狠狠滲進地毯中。

　　貓和人類一樣，缺乏能代謝草莖纖維的消化機制和化學物質，因此牠們會將草吐出來。那麼為什麼一開始要吃草呢？有一種說法是，貓可從草的水分中提取葉酸（folic acid），透過新陳代謝將其轉化為維生素 B_9〔也稱為葉酸鹽（folate）〕。B_9 對於製造血紅素（haemoglobin）至關重要，貓沒有它就會貧血。但是，如果這對貓很重要，為什麼在它分解成其組成要素前，貓就將它反芻吐出來呢？當然，牠們或許消化掉一定比例的草，然後再將少量的草吐出來，這絕非不可能。

　　貓偶爾需要讓自己嘔吐 —— 例如身體不舒服或需要清除消化道中難以消化的物質（毛皮、羽毛、腸道寄生蟲）時。因此，貓有可能會利用草做為催吐劑 —— 一種吃下後會引起嘔吐的食物或藥物（在中毒的情況下可用於清除任何毒素）。還有一種推測是草有通便的作用，幫助貓規律排便。顯然，這兩種理論彼此完全矛盾。我們目前只確定一件事，貓似乎不會因奇怪的嘔吐現象而痛苦到不行，而且吃草對牠們來說是完全無害的，出得來總比留在裡面好。

10.05 為什麼貓這麼愛吃魚？

貓嗜吃魚，愛到無法自拔，乍看似乎理所當然：強烈刺鼻氣味逗引著貓的嗅覺，魚肉含有高蛋白質，所以是一種很好的豐富營養源。我們家所有的金魚幾乎都慘遭賴皮的毒手，儘管沒吃掉牠們──只是把牠們從魚缸中解放。但從許多層面來看，貓對魚這樣痴迷是很奇怪的。

首先，因為大多數貓都對水避之唯恐不及，而水裡是很可能會出現魚的地方，所以從演化的角度來看，二者不太可能經常碰面；其次，新鮮魚類並不特別適合成為貓飲食的主要部分。貓沒辦法好好處理魚骨頭，而鮪魚罐頭的汞和磷含量很高，對患有腎病的貓有害。魚類也是導致貓過敏的主要原因（有研究指出貓對食物過敏的情況約四分之一是因為吃魚）。

然而，儘管有不少缺點，**有些貓還是非常喜歡魚，要是你太頻繁餵牠們吃魚，牠們會索性連任何其他東西都不吃了。**少量的魚肉饗宴不太可能引起問題，但要小心掛酌，不然你可能會發現自己在飼養供食上陷入萬劫不復的燒錢無底洞。

10.06 貓在食物旁邊東抓西扒的做什麼？

吃完晚飯後，我家那隻聲名狼藉、舉止惡劣的虎斑貓偶爾會在牠的碗附近做出撫摸地板的奇怪動作。看起來好像在清理不存在的灑散食物屑，不然就是將一些隱形汙垢從一個地方撥到另一處，但實際上牠啥也沒做──就像一個少年仔在清理餐桌時，用布加上一大團不甘願的怨氣撫摩餐桌一樣。扒地板的動作可以持續約兩分鐘，直到這小子（貓，而不是少年仔）終於回神，晃到別處去。

雖然這個動作沒有實際用途，但卻很常見，且可能與貓無可挑剔的衛生習慣有關。牠們掩埋糞便或尿液時會有相同行為，**因此這或許也類似貓習慣將自己曾在場的痕跡掩藏起來，好躲避潛在掠食者**。丹尼斯・特納（Dennis Turner）和派翠克・貝特森（Patrick Bateson）在合著的傑作《家貓：其行為背後的緣由》

（*The Domestic Cat: The Biology of its Behaviour*）中無法準確解釋貓為什麼會這樣做，但他們推斷這是演化殘留的習慣：「這種演化而來的古老行為模式不易根除，就一般學習法則來看，有收穫報酬的行為才會持續出現在動物的活動中，而扒地習慣有違此法則。」簡而言之，這種非必要的舉動是一種尚未消退的演化餘音。

世上最長的貓

來自美國小城雷諾（Reno）的緬因貓史嘟伊（Stewie）體型龐大，從鼻尖到尾巴末端總長一公尺又二十三公分（四十八·五英寸）。牠可是領有合格證照的治療貓，經常拜訪當地養老院，直到二〇一三年一月，牠以八歲之齡去世。

參考資料

　　編寫本書的過程中，我閱讀大量書籍、文章和研究論文，儘管科研成果範圍很廣，且其中一些看法完全矛盾，我還是要好好感謝所有這些出色的作者（抱歉這裡只列出一小部分）。這就是科學研究的本質——隨著研究方法的變化，研究成果的性質也在變化，許多像我這樣愛好科學的推廣者必須盡可能廣泛閱讀，評估相關性和背景，並在資訊密林中理出一條路徑，祈禱自己沒有偏離真相。我盡最大的努力釐清自己講述的是科學研究還是想法觀點，即使是獸醫專業人士的觀點。關於貓的知識還有很多，每一項新研究都有助於我們更了解牠們，並將牠們照顧得更好。

整體

'Pet Population 2020' (PFMA)
pfma.org.uk/pet-population-2020

與科學不相干的引言

'Facts + statistics: Pet statistics' (Insurance Information Institute)
iii.org/fact-statistic/facts-statistics-pet-statistics

'US pet ownership statistics' (AVMA)
avma.org/resources-tools/reports-statistics/us-pet-ownership-statistics

2.01 貓咪簡史

'Phylogeny and evolution of cats (Felidae)'
by Lars Werdelin, Nobuyuki Yamaguchi & WE Johnson in *Biology and Conservation of Wild Felids* by DW Macdonald & AJ Loveridge (Eds) (Oxford University Press, 2010), pp59-82
researchgate.net/publication/266755142_Phylogeny_and_evolution_of_cats_Felidae

'The near eastern origin of cat domestication'
by Carlos A Driscoll *et al*, *Science* 317(5837) (2007), pp519-523
science.sciencemag.org/content/317/5837/519

2.02 我家貓咪基本上算Q版的老虎？

'Personality structure in the domestic cat (*Felis silvestris catus*), Scottish wildcat (*Felis silvestris grampia*), clouded leopard (*Neofelis nebulosa*), snow leopard (*Panthera uncia*), and African lion (*Panthera leo*): A comparative study'
by Marieke Cassia Gartner, David M Powell & Alexander Weiss, *Journal of Comparative Psychology* 128(4) (2014), pp414-426
psycnet.apa.org/record/2014-33195-001

3.04 貓分左撇子、右撇子？

'Lateralization of spontaneous behaviours in the domestic cat, *Felis silvestris*'
by Louise J McDowell, Deborah L Wells & Peter G Hepper, *Animal Behaviour* 135 (2018), pp37-43
sciencedirect.com/science/article/abs/pii/S0003347217303640#

'Laterality in animals'
by Lesley J Rogers, *International Journal of Comparative Psychology* 3:1 (1989), pp5-25
escholarship.org/uc/item/9h15z1vr

'Motor and sensory laterality in thoroughbred horses'
by PD McGreevy & LJ Rogers, *Applied Animal Behaviour Science* 92:4 (2005), pp337-352
sciencedirect.com/science/article/abs/pii/S0168159104002916?via%3Dihub

3.05 腳掌與爪子的科學

'Feline locomotive behaviour'
veteriankey.com/feline-locomotive-behavior

'Locomotion in the cat: basic programmes of movement'
by S Miller, J Van Der Burg, F Van Der Meché, *Brain Research* 91(2)
(1975), pp239-53
ncbi.nlm.nih.gov/pubmed/1080684

'Biased polyphenism in polydactylous cats carrying a single point mutation:
The Hemingway model for digit novelty'
by Axel Lange, Hans L Nemeschkal & Gerd B Müller, *Evolutionary Biology*
41(2) (2013), pp262-75

'The Hemingway Home and Museum'
hemingwayhome.com/cats

3.07 為什麼貓眼睛看起來頗邪惡？

'Why do animal eyes have pupils of different shapes?'
by William W Sprague, Jürgen Schmoll, Jared AQ Parnell & Gordon D
Love, *Science Advances* 1:7 (2015), e1500391
advances.sciencemag.org/content/1/7/e1500391

3.08 貓總是能安穩以腳著地，牠是如何辦到的？

'Feline locomotive behaviour'
veteriankey.com/feline-locomotive-behavior

3.09 貓身上有多少毛髮？

'Cleanliness is next to godliness: mechanisms for staying clean'
by Guillermo J Amador & David L Hu, *Journal of Experimental Biology*
218 (2015), 3164-3174
jeb.biologists.org/content/218/20/3164

'Weight to body surface area conversion for cats'
by Susan E Fielder, *MSD Manual Veterinary Manual* (2015)
msdvetmanual.com/special-subjects/reference-guides/weight-to-body-surface-area-conversion-for-cats

3.12 你家貓咪幾歲啦？

'Feline life stage guidelines'
by Amy Hoyumpa Vogt, Ilona Rodan & Marcus Brown, Journal of Feline Medicine and Surgery 12:1 (2010)
journals.sagepub.com/doi/10.1016/j.jfms.2009.12.006

4.01 貓大便為什麼這麼難聞？

'The chemical basis of species, sex, and individual recognition using feces in the domestic cat'
by Masao Miyazaki *et al*, *Journal of Chemical Ecology* 44 (2018), pp364-373
link.springer.com/article/10.1007/s10886-018-0951-3

'The fecal microbiota in the domestic cat (*Felis catus*) is influenced by interactions between age and diet; a five year longitudinal study'
by Emma N Bermingham, *Frontiers in Microbiology* 9:1231 (2018)
frontiersin.org/articles/10.3389/fmicb.2018.01231/full

'Gut microbiota of humans, dogs and cats: current knowledge and future opportunities and challenges'
by Ping Deng & Kelly S Swanson, *British Journal of Nutrition* 113: S1 (2015), ppS6-S17
cambridge.org/core/journals/british-journal-of-nutrition/article/gut-microbiota-of-humans-dogs-and-cats-current-knowledge-and-future-opportunities-and-challenges/D0EA4D0E254DD5846613CB338295D2D3/core-reader

'About your companion's microbiome'
animalbiome.com/about-your-companions-microbiome

4.02 為什麼貓咪不放屁（但狗狗會喔）？

Fartology: The Extraordinary Science Behind the Humble Fart by Stefan
Gates (Quadrille, 2018)
gastronauttv.com/books

'The chemical basis of species, sex, and individual recognition using feces
in the domestic cat'
by Masao Miyazaki *et al*, *Journal of Chemical Ecology* 44 (2018), pp364-
373
link.springer.com/article/10.1007/s10886-018-0951-3

4.04 毛球！

'Cats use hollow papillae to wick saliva into fur'
by Alexis C Noel & David L Hu, *Proceedings of the National Academy of
Sciences of the United States of America* 115(49) (2018), 12377-12382

5.02 你的貓咪愛你嗎？

'Sociality in cats: a comparative review'
by John WS Bradshaw, *Journal of Veterinary Behavior* 11 (2016), pp113-
124
sciencedirect.com/science/article/abs/pii/S1558787815001549?via%3Dihub

'Attachment bonds between domestic cats and humans'
by Kristyn R Vitale, Alexandra C Behnke & Monique AR Udell, *Current
Biology* 29:18 (2019), ppR864-R865
cell.com/current-biology/fulltext/S0960-9822(19)31086-3

'Domestic cats (*Felis silvestris catus*) do not show signs of secure attachment to their owners'
by Alice Potter & Daniel Simon Mills, *PLOS ONE* 10(9) (2015), e0135109
journals.plos.org/plosone/article?id=10.1371/journal.pone.0135109

'Social interaction, food, scent or toys? A formal assessment of domestic pet and shelter cat (*Felis silvestris catus*) preferences'
by Kristyn R Vitale Shreve, Lindsay R Mehrkamb & Monique AR Udell,
Behavioural Processes 141:3 (2017), pp322-328
sciencedirect.com/science/article/abs/pii/S0376635716303424

5.04 貓咪有辦法進行抽象思考嗎？

'There's no ball without noise: cats' prediction of an object from noise'
by Saho Takagi *et al*, *Animal Cognition* 19 (2016), pp1043-1047
link.springer.com/article/10.1007/s10071-016-1001-6

5.05 貓咪做夢嗎？

'Behavioural and EEG effects of paradoxical sleep deprivation in the cat'
by M Jouvet, *Proceedings of the XXIII International Congress of Physiological Sciences* (*Excerpta Medica International Congress Series* No.87, 1965)
sommeil.univ-lyon1.fr/articles/jouvet/picps_65/

5.07 你難過時，貓咪知道嗎？

'Empathic-like responding by domestic dogs (*Canis familiaris*) to distress in humans: an exploratory study'
by Deborah Custance & Jennifer Mayer, *Animal Cognition* 15 (2012), pp851-859
ncbi.nlm.nih.gov/pubmed/22644113?dopt=Abstract

'Man's other best friend: domestic cats (*F. silvestris catus*) and their discrimination of human emotion cues'
by Moriah Galvan & Jennifer Vonk, *Animal Cognition* 19 (2015), pp193-205
link.springer.com/article/10.1007/s10071-015-0927-4

5.08 從寵物門出去後，你家貓咪上哪兒去了？

'Roaming habits of pet cats on the suburban fringe in Perth, Western Australia: What size buffer zone is needed to protect wildlife in reserves?'
by Maggie Lilith, MC Calver & MJ Garkaklis, *Australian Zoologist* 34 (2008), pp65-72
researchgate.net/publication/43980337_Roaming_habits_of_pet_cats_on_the_suburban_fringe_in_Perth_Western_Australia_What_size_buffer_zone_is_needed_to_protect_wildlife_in_reserves

5.09 你家貓咪的夜間活動是什麼呢？

'The use of animal-borne cameras to video-track the behaviour of domestic cats'
by Maren Huck & Samantha Watson, *Applied Animal Behaviour Science* 217 (2019), pp63-72
sciencedirect.com/science/article/abs/pii/S0168159118306373

'Daily rhythm of total activity pattern in domestic cats (*Felis silvestris catus*) maintained in two different housing conditions'
by Giuseppe Piccione *et al*, *Journal of Veterinary Behavior* 8:4 (2013), pp189-194
sciencedirect.com/science/article/abs/pii/S1558787812001220?via%3Dihub

5.11 貓有辦法從幾公里外自個兒走回家嗎？

'The homing powers of the cat'
by Francis H Herrick, *The Scientific Monthly* 14:6 (1922), pp525-539
jstor.org/stable/6677?seq=1#metadata_info_tab_contents

5.12 貓為什麼懼怕黃瓜？

'Object permanence in cats and dogs'
by Estrella Triana & Robert Pasnak, *Animal Learning & Behavior* 9 (1981),
pp135-139
link.springer.com/article/10.3758%2FBF03212035

5.16 為什麼貓喜歡窩在盒子裡？

'Will a hiding box provide stress reduction for shelter cats?'
by CM Vinkea, LM Godijn & WJR van der Leij, *Applied Animal Behaviour
Science* 160 (2014), pp86-93
sciencedirect.com/science/article/abs/pii/S0168159114002366

5.17 為什麼貓媽媽都是模範母親，而貓爸爸表現非常糟糕？

'Aggression in cats'
aspca.org/pet-care/cat-care/common-cat-behavior-issues/aggression-cats

6.01 貓怎麼有辦法在黑暗中看見東西？

'Electrophysiology meets ecology: Investigating how vision is tuned to the life
style of an animal using electroretinography'
by Annette Stowasser, Sarah Mohr, Elke Buschbeck & Ilya Vilinsky, *Journal of
Undergraduate Neuroscience Education* 13(3) (2015), A234-A243
ncbi.nlm.nih.gov/pmc/articles/PMC4521742/

6.03 你家貓咪的味覺有多好？

'Balancing macronutrient intake in a mammalian carnivore: disentangling the
influences of flavour and nutrition'
by Adrian K Hewson-Hughes, Alison Colyer, Stephen J Simpson & David
Raubenheimer, *Royal Society Open Science* 3:6 (2016)
royalsocietypublishing.org/doi/full/10.1098/rsos.160081#d14640073e1

'Pseudogenization of a sweet-receptor gene accounts for cats' indifference toward sugar'
by Xia Li *et al*, *PLOS Genetics* 1(1): e3 (2005)
journals.plos.org/plosgenetics/article?id=10.1371/journal.pgen.0010003

'Taste preferences and diet palatability in cats'
by Ahmet Yavuz Pekel, Serkan Barış Mülazımoğlu & Nüket Acar, *Journal of Applied Animal Research* 48:1 (2020), pp281-292
tandfonline.com/doi/pdf/10.1080/09712119.2020.1786391

7.01 為何貓咪喵喵叫？

'Vocalizing in the house-cat; a phonetic and functional study'
by Mildred Moelk, *The American Journal of Psychology* 57:2 (1944), pp184-205
jstor.org/stable/1416947?seq=1

'Domestic cats (*Felis catus*) discriminate their names from other words'
by Atsuko Saito, Kazutaka Shinozuka, Yuki Ito & Toshikazu Hasegawa, *Scientific Reports* 9:5394 (2019)
nature.com/articles/s41598-019-40616-4

8.02 貓對我們的身體健康有益嗎？

'To have or not to have a pet for better health?'
by Leena K Koivusilta & Ansa Ojanlatva, *PLOS ONE* 1(1) (2006), e109
ncbi.nlm.nih.gov/pmc/articles/PMC1762431/

'Cat ownership and the risk of fatal cardiovascular diseases. Results from the second National Health and Nutrition Examination Study Mortality Follow-up Study'
by Adnan I Qureshi, Muhammad Zeeshan Memon, Gabriela Vazquez & M Fareed K Suri, *Journal of Vascular and Interventional Neurology* 2(1) (2009), pp132-135
ncbi.nlm.nih.gov/pmc/articles/PMC3317329/

'Animal companions and one-year survival of patients after discharge from a coronary care unit'
by E Friedmann, AH Katcher, JJ Lynch & SA Thomas, *Public Health Reports* 95(4) (1980), pp307-312
ncbi.nlm.nih.gov/pmc/articles/PMC1422527/

'Pet ownership and health in older adults: findings from a survey of 2,551 community-based Australians aged 60-64'
by Ruth A Parslow *et al*, *Gerontology* 51(1) (2005), pp40-7
ncbi.nlm.nih.gov/pubmed/15591755

'Impact of pet ownership on elderly Australians' use of medical services: an analysis using Medicare data' by AF Jorm *et al*, *The Medical Journal of Australia* 166(7) (1997), pp376-7
ncbi.nlm.nih.gov/pubmed/9137285

'Are pets in the bedroom a problem?'
by Lois E Krahn, M Diane Tovar & Bernie Miller, *Mayo Clinic Proceedings* 90:12 (2015), pp1663-1665
mayoclinicproceedings.org/article/S0025-6196(15)00674-6/abstract

'Multiple pets may decrease children's allergy risk'
https://www.niehs.nih.gov/news/newsroom/releases/2002/august27/index.cfm

8.03 貓對我們的身體健康有害嗎？

'Toxoplasmosis rids its host of all fear'
unige.ch/communication/communiques/en/2020/quand-la-toxoplasmose-ote-tout-sentiment-de-peur/

'Cat-associated zoonoses'
by Jeffrey D Kravetz & Daniel G Federman, *Archives of Internal Medicine* 162(17) (2002), pp1945-1952
jamanetwork.com/journals/jamainternalmedicine/fullarticle/213193

8.04 養一隻貓得花多少錢？

'The cost of owning a cat'
battersea.org.uk/pet-advice/cat-advice/cost-owning-cat

'The cost of owning a dog'
rover.com/blog/uk/cost-of-owning-a-dog/

8.07 為什麼有人會對貓過敏？

'Dog and cat allergies: current state of diagnostic approaches and challenges'
by Sanny K Chan & Donald YM Leung, *Allergy, Asthma & Immunology Research* 10(2) (2018), pp97-105
ncbi.nlm.nih.gov/pmc/articles/PMC5809771/

8.08 為何貓老是所戀非人，黏上討厭貓的傢伙？

'Environmental impacts of food consumption by dogs and cats'
by Gregory S Okin, *PLOS ONE* 12(8) (2017), e0181301
ournals.plos.org/plosone/article?id=10.1371/journal.pone.0181301

8.12 養貓對氣候變遷的影響

'The climate mitigation gap: education and government recommendations miss the most effective individual actions'
by Seth Wynes & Kimberly A Nicholas, *Environmental Research Letters* 12:7 (2017)
iopscience.iop.org/article/10.1088/1748-9326/aa7541

8.13 貓咪是無情的鳥類殺手？

'The impact of free-ranging domestic cats on wildlife of the United States'
by Scott R Loss, Tom Will & Peter P Marra, *Nature Communications* 4, 1396 (2013)
nature.com/articles/ncomms2380

'Are cats causing bird declines?'
rspb.org.uk/birds-and-wildlife/advice/gardening-for-wildlife/animal-
deterrents/cats-and-garden-birds/are-cats-causing-bird-declines/

9.02 貓狗東西軍：社會與醫學領域
'Pet Population 2020' (PFMA)
pfma.org.uk/pet-population-2020

'Dogs have the most neurons, though not the largest brain: trade-off between body mass and number of neurons in the cerebral cortex of large carnivoran species'
by Débora Jardim-Messeder *et al*, *Frontiers in Neuroanatomy* 11:118 (2017)
frontiersin.org/articles/10.3389/fnana.2017.00118/full

9.03 貓狗東西軍：體能正面交鋒
'The role of clade competition in the diversification of North American canids'
by Daniele Silvestro, Alexandre Antonelli, Nicolas Salamin & Tiago B Quental, *Proceedings of the National Academy of Sciences of the United States of America* 112(28) (2015), 8684-8689
pnas.org/content/112/28/8684

9.05 貓派vs.狗派
'Personalities of self-identified "dog people" and "cat people"'
by Samuel D Gosling, Carson J Sandy & Jeff Potter, *Anthrozoös* 23(3) (2010), pp213-222
researchgate.net/publication/233630429_Personalities_of_Self-Identified_Dog_People_and_Cat_People

'Cat people, dog people' (Facebook Research)
research.fb.com/blog/2016/08/cat-people-dog-people/

10.01 貓糧裡有些什麼？

'Identification of meat species in pet foods using a real-time polymerase chain reaction (PCR) assay'
by Tara A Okumaa & Rosalee S Hellberg, *Food Control* 50 (2015), pp9-17
sciencedirect.com/science/article/abs/pii/S0956713514004666

'Pet food' (Food Standards Agency)
food.gov.uk/business-guidance/pet-food

'The history of the pet food industry'
web.archive.org/web/20090524005409/petfoodinstitute.org/petfoodhistory.
htm

10.02 為什麼貓對食物挑三揀四？

'Balancing macronutrient intake in a mammalian carnivore: disentangling the influences of flavour and nutrition'
by Adrian K Hewson-Hughes, Alison Colyer, Stephen J Simpson & David Raubenheimer, *Royal Society Open Science* 3:6 (2016)
royalsocietypublishing.org/doi/full/10.1098/rsos.160081#d14640073e1

10.03 讓貓改吃素，可能嗎？

'Differences between cats and dogs: a nutritional view'
by Veronique Legrand-Defretin, *Proceedings of the Nutrition Society* 53:1 (2007)
cambridge.org/core/journals/proceedings-of-the-nutrition-society/article/
differences-between-cats-and-dogs-a-nutritional-view/A01A77BABD1B6D
DD500145D7A02D67A5

致謝

數千名出色的研究人員和寫作者將自己的專業知識付梓發表，成為本書內容的堅實基礎，雖然我所參考引述的主要論文和書籍已列舉在此，但還有數百筆著作對於理解這個美妙領域是不可或缺的。其中大部分是公費資助的研究，但奇怪又可悲的是，科學期刊出版商有效地進行壟斷，向公眾封鎖這些知識，且從中獲利豐厚。希望這種情況早日改變。

非常感謝方舞（Quadrille）出版社的傑出員工莎拉‧拉威爾（Sarah Lavelle）、史黛西‧克魯沃斯（Stacey Cleworth）和克萊兒‧洛奇福德（Claire Rochford），她們對我異於常人的喜好不減熱忱，忍受我怪咖和任性拖稿的惡習。還要感謝路克‧柏德（Luke Bird）再度欣然接受這樣奇怪的一部書稿。

非常感謝我漂亮的女兒黛西（Daisy）、波比（Poppy）和喬芝雅（Georgia），讓我有餘裕一個人在花園盡頭那兒寫作，並忍受我在晚餐時對她們滔滔不絕地熱情大聊種種硬知識。還要感謝布魯（Blue）和賴皮（Cheeky），在我測試犁鼻器功能、瞬膜運作方式、跨物種交流、爪子能否縮回藏起時，以及計算毛髮數量時，你們忍受我戳戳戳個不停。也要對布洛迪‧湯普森（Brodie Thomson）、艾莉莎‧哈茲伍德（Eliza Hazlewood）和珂珂‧艾丁豪森（Coco Ettinghausen）致謝，並且一如既往地感謝給予我神支援的 DML 優秀團隊：珍‧夸克森（Jan Croxson）、博拉‧賈森（Borra Garson）、露‧勒夫維奇（Lou Leftwich）和梅根‧佩姬（Megan Page）。

最後，非常感謝那些來看我表演的絕佳觀眾，當我們在舞臺上現場嘗試一些超級迷人或噁心至極的科學實驗時，你們笑得一塌糊塗。我好愛你們。

中英對照

LEARN 系列 064

貓主子的科學：喵皇賣萌大小事
CATOLOGY: The Weird and Wonderful Science of Cats

作　　者 —— 史蒂芬‧蓋茲（Stefan Gates）
譯　　者 —— 林柏宏
主　　編 —— 邱憶伶
責任編輯 —— 陳映儒
行銷企畫 —— 林欣梅
封面設計 —— 兒日設計
內頁排版 —— 張靜怡

編輯總監 —— 蘇清霖
董 事 長 —— 趙政岷
出 版 者 —— 時報文化出版企業股份有限公司
　　　　　　108019 臺北市和平西路三段 240 號 3 樓
　　　　　　發行專線 —— (02) 2306-6842
　　　　　　讀者服務專線 —— 0800-231-705‧(02) 2304-7103
　　　　　　讀者服務傳真 —— (02) 2304-6858
　　　　　　郵撥 —— 19344724 時報文化出版公司
　　　　　　信箱 —— 10899 臺北華江橋郵局第 99 信箱
時報悅讀網 —— http://www.readingtimes.com.tw
電子郵件信箱 —— newstudy@readingtimes.com.tw
時報出版愛讀者粉絲團 —— https://www.facebook.com/readingtimes.2
法律顧問 —— 理律法律事務所　陳長文律師、李念祖律師
印　　刷 —— 勁達印刷有限公司
初版一刷 —— 2022 年 4 月 8 日
定　　價 —— 新臺幣 380 元
（缺頁或破損的書，請寄回更換）

時報文化出版公司成立於一九七五年，
一九九九年股票上櫃公開發行，二○○八年脫離中時集團非屬旺中，
以「尊重智慧與創意的文化事業」為信念。

貓主子的科學：喵皇賣萌大小事／史蒂芬‧蓋茲
　（Stefan Gates）著；林柏宏譯 . -- 初版 . -- 臺北
　市：時報文化出版企業股份有限公司 , 2022.04
　192 面；14.8×21 公分 . --（LEARN 系列；64）
　譯自：CATOLOGY: The Weird and Wonderful
　　Science of Cats
　ISBN 978-626-335-166-0（平裝）

1. CST：貓　2. CST：動物心理學
3. CST：動物行為

437.36　　　　　　　　　　　　　111003422

ISBN　978-626-335-166-0
Printed in Taiwan